U0724419

维生素

饮食百科编委会　编著

中国大百科全书出版社

图书在版编目（CIP）数据

饮食百科 . 维生素 / 饮食百科编委会编著 . -- 北京 ：
中国大百科全书出版社，2025. 1. -- ISBN 978-7-5202
-1813-9

Ⅰ . TS2-49

中国国家版本馆 CIP 数据核字第 2024ZJ4543 号

总 策 划：刘 杭 郭继艳
策划编辑：韩晓玲
责任编辑：韩晓玲
责任校对：邵桃炜
责任印制：王亚青
出版发行：中国大百科全书出版社有限公司
地 址：北京市西城区阜成门北大街 17 号
邮政编码：100037
电 话：010-88390811
网 址：http://www.ecph.com.cn
印 刷：唐山富达印务有限公司
开 本：710mm×1000mm 1/16
印 张：10
字 数：100 千字
版 次：2025 年 1 月第 1 版
印 次：2025 年 1 月第 1 次印刷
书 号：ISBN 978-7-5202-1813-9
定 价：48.00 元

—— 总　序

　　这是一套面向大众、根植于《中国大百科全书》第三版（以下简称百科三版）的百科通俗读物。

　　百科全书是概要记述人类一切门类知识或某一门类知识的完备的工具书。它的主要作用是供人们随时查检需要的知识和事实资料，还具有扩大读者知识视野和帮助人们系统求知的教育作用，常被誉为"没有围墙的大学"。简而言之，它是回答问题的书，是扩展知识的书。

　　中国大百科全书出版社从 1978 年起，陆续编纂出版了《中国大百科全书》第一版、第二版和第三版。这是我国科学文化建设的一项重要基础性、标志性、创新性工程，是在百年未有之大变局和中华民族伟大复兴全局的大背景下，提升我国文化软实力、提高中华文化国际影响力的一项重要举措，具有重大的现实意义和深远的历史意义。

　　百科三版的编纂工作经国务院立项，得到国家各有关部门、全国科学文化研究机构、学术团体、高等院校的大力支持，专家、学者 5 万余人参与编纂，代表了各学科最高的专业水平。专家、作者和编辑人员殚精竭虑，按照习近平总书记的要求，努力将百科三版建设成有中国特色、有国际影响力的权威知识宝库。截至 2023 年底，百科三版通过网站（www.zgbk.com）发布了 50 余万个网络版条目，并陆续出版了一批纸质版学科卷百科全书，将中国的百科全书事业推向了一个新的高度。

　　重文修武，耕读传家，是我们中国人悠久的文化传承。作为出版人，我们以传播科学文化知识为己任，希望通过出版更多优秀的出版物来落实总书记的要求——推动文化繁荣、建设中华民族现代文明，努力建设中国式现代化强国。

为了更好地向大众普及科学文化知识，我们从《中国大百科全书》第三版中选取一些条目，通过"人居环境""科学通识""地球知识""工艺美术""动物百科""植物百科""渔猎文明""交通百科"等主题结集成册，精心策划了这套大众版图书。其中每一个主题包含不同数量的分册，不仅保持条目的科学性、知识性、准确性、严谨性，而且具备趣味性、可读性，语言风格和内容深度上更适合非专业读者，希望读者在领略丰富多彩的各领域知识之时，也能了解到书中展示的科学的知识体系。

衷心希望广大读者喜爱这套丛书，并敬请对书中不足之处给予批评指正！

《中国大百科全书》编辑部

—— "饮食百科"丛书序

食物是人类赖以生存和社会赖以发展的首要条件。由农业提供的食物大致可分为植物性食物和动物性食物两大类。植物性食物包括谷物、薯类、豆类、水果、蔬菜、植物油、食糖等；动物性食物包括家畜的肉和奶、家禽的肉和蛋以及鱼类和其他水产品等。按各种食物在膳食结构中的比重和用途，食物还可分为主食和副食以及调味品、零食等。主食和副食在世界不同的地方有不同的含义。在中国大部分地区，主食主要指谷物和薯类，通称粮食；而水果、蔬菜以至肉、奶、蛋等动物性食物则被归入副食一类。

人的营养需要，靠摄取不同种类的食物得到满足。谷物中碳水化合物占较大比重（63%～75%），是热量的主要来源；肉、奶、蛋富含蛋白质，来自家畜、家禽和水产品，是目前人类所消费的蛋白质的主要来源；蔬菜和水果是维生素和矿物质的主要来源。零食含有一定的能量和营养素，可以给人们带来一定的精神享受，也可满足特殊人群对某些营养素的需求。调味品能提升菜品味道，增进食欲，满足消费者的感官需要。维生素是一类维持生物正常生命现象所必需的小分子有机物，人与动物体内或者不能合成维生素，或者合成量不足，必须由外界供给。食品添加剂通常不作为食品消费，不是食品的典型成分，也不包括污染物或者为提高食品营养价值而加入食品中的物质，但正确使用食品添加剂对提高食品感官质量和营养价值、防止食品变质、延长食品保存期等具有一定作用。

为便于读者全面地了解各类食物，编委会依托《中国大百科全书》第三版作物学、园艺学、畜牧学、渔业、食品科学与工程、化学等学科内容，组织策划了"饮食百科"丛书，编为《谷物》《水果》《蔬菜》《肉奶蛋》《零食》《调味品》《食品添加剂》《维生素》等分册，图文并茂地介绍了各类食物、食品添加剂和维生素等。因受篇幅限制，仅收录了相对常见的类型及种类。

希望这套丛书能够让读者更多地了解和认识各类食物、食品添加剂和维生素，起到传播饮食科学知识的作用。

饮食百科丛书编委会

目　录

第 **3** 章　营养缺乏病　89

第1章

维生素

维生素是维持生物正常生命现象所必需的一类小分子有机物。动物体内或者不能合成维生素，或者合成量不足，所以必须由外界供给。有些维生素，例如维生素 B_6、维生素 K 等能由动物肠道内的细菌合成，合成量可满足动物的需要。动物细胞可将色氨酸转变成烟酸（一种 B 族维生素），但生成量不敷需要；维生素 C 除灵长类（包括人类）及豚鼠以外，其他动物都可以自身合成。植物和多数微生物都能自己合成维生素，不必由体外供给。许多维生素是辅基或辅酶的组成部分。

维生素的种类很多，化学结构与生理功能各不相同，如果人或动物食物中维生素的含量不足或机体吸收不良则发生维生素缺乏病，所以曾把维生素叫作维他命。根据溶解性，可把维生素分为两大类：水溶性维生素，包括 B 族维生素及维生素 C；脂溶性维生素，包括维生素 A、D、E、K 等。

有些物质在化学结构上类似于某种维生素，经过简单的代谢反应即可转变成维生素，此类物质称为维生素原。例如，类胡萝卜素能转变为维生素 A；7- 脱氢胆固醇可转变为维生素 D_3；但要经许多复杂代谢反应才能成为烟酸的色氨酸则不能称为维生素原。

维生素的命名曾多数依其生理功能或发现早晚等用英文大写字母命名，例如，维生素 A、维生素 B、维生素 C、维生素 D、维生素 E 等。

维生素可调节物质代谢，缺乏维生素时细胞内一些代谢反应不能进行，平衡失调，影响细胞及组织功能，甚至引起生物死亡。所有水溶性维生素都参与催化作用，B 族维生素是许多种辅酶的组成成分，这些辅酶担负着氢、电子或基团的转移。它们参与由酶催化的糖、脂肪、蛋白质及核苷酸等的代谢，维生素 C 参与许多羟化反应。水溶性维生素在动植物细胞中广泛存在。脂溶性维生素的功能没有 B 族维生素那样清楚。维生素 K 参与一些蛋白质中谷氨酸的羧化，维生素 D 促进钙的吸收，维生素 A 为视紫蛋白的组成部分。

动物因种属不同，对维生素的需要量有很大差异。就个体而言，因食品组成、年龄、健康状况等因素的影响，需要量也有很大差别，已制定的人的维生素需要量足以满足不同生理情况或工作条件下的需要。

维生素摄入不足会引起维生素缺乏症。病情的轻重依缺乏的程度而不同。症状中有些是属于特征性的，例如缺乏维生素 A 时的夜盲症；有些症状是非特征性的，例如缺乏维生素 B_1 时，表现为胃口不佳、生长不良等。症状也因动物种属不同而有差异。一些症状在补充维生素以后消退，身体恢复正常；有些虽然补充维生素身体也不能恢复，成为永久性的损伤，例如眼角膜、神经组织损伤等。

维生素缺乏分为原发性（食物性）与次发性两种。前者指食物中摄入量低于正常需要；后者指食物中维生素含量充足，但由于存在某种疾病或特殊生理条件（例如肠道吸收不良、慢性酒精中毒、怀孕、喂乳等）

造成的缺乏。

维生素史

维生素史是研究维生素药物的发现、知识的积累、生产实践等内容的历史。维生素又称维他命，是一系列有机化合物的统称，是维持生物体生理功能所必需的微量营养成分，起到调节新陈代谢、生长、发育的作用。一般无法由生物体自己生产，需要通过饮食等途径获得。

在发现维生素之前，许多特定食物对一些特殊疾病的防治作用早已被人们所认识。我国古代和古希腊医书中都有夜盲症的记载。唐代医家孙思邈（公元581～682）曾指出用猪肝治疗雀目颇有效，故称"肝与目相通"；称用糙米熬粥可以防治脚气病，确认脚气病为"食米区"的病。实际起作用的因素正是维生素。动物肝中多含丰富的维生素A，而谷皮中多含维生素B_1，分别是夜盲症和脚气病的对症良药。18世纪，苏格兰医生林德发现在食物中添加柑橘类水果可以防治坏血病的扩散，这为以后据此发现维生素C奠定基础。

维生素的现代科学研究始于19世纪末20世纪初。1886年荷兰军医C.艾克曼在荷属东印度研究亚洲普遍流行的脚气病，但试图找出致病菌的努力却没有成功，1890年他发现实验鸡群中爆发的神经性皮炎与脚气病极为类似，至1907年艾克曼才终于证实脚气病与食用白米存在直接联系，而在白米中加入米糠可防治脚气病。艾克曼据此推测白米中含有一种毒素，而米糠中则含有一种解毒物质。但同艾克曼一起工作的一位荷兰生理学家 G. 格里内斯从另一个角度做出推测，认为脚气病是由于白米中缺少一种关键成分，而这种成分就在米糠里。事实证明，格里内斯的推测是正确的。

1906 年，剑桥大学生物化学家 F.G. 霍普金斯用纯化后的饲料喂食老鼠，饲料中含有蛋白质、脂类、糖类和矿物质微量元素，然而老鼠依然不能存活；而向纯化后的饲料中加入哪怕只有微量的牛奶后，老鼠就可以正常生长。从而证明食物中除了蛋白、糖类、脂类、矿物质微量元素和水等营养物质外还存在一种必需的"辅助因子"。

此后，波兰化学家 C. 芬克，日本生化学家分别用不同的方法从米糠中获得一种白色结晶体。1912 年，芬克把艾克曼提出的防治脚气病的物质分离并证明是胺类化合物，所以建议命名为"vitamine"，即 vital（生命的）amine（胺），中文意思为"维持生命的胺"。此后，各种维生素相继被发现。但科学家发现维生素并非皆属胺类，鉴于 vitamine 一词已广为应用，故将之改为 vitamin，音译为中文"维生素"，亦译为"维他命"。维生素药物的发现为人们防治坏血病、脚气病、佝偻病等维生素缺乏病带来了希望，对人类社会产生重大影响。

随着各种维生素的发现，引起人们探究其被发现的历史过程，维生素史也继之兴起。维生素史，既包括维生素药物史，如迈克伦姆 1930 年对维生素发现史的历史性回顾，或者说综述；也包括与维生素药物缺乏导致的疾病史，如 1961 年威廉姆斯的《维生素 B_1 的发现：征服脚气病》，1975 年威尔逊的《坏血病的临床定义与维生素 C 的发现》，艾德在 1974 年发表的《佝偻病史研究之一：佝偻病作为一种营养缺乏病的认知过程》和 1975 年发表的《佝偻病史研究之二：鱼肝油和日光的角色》，1986 年卡本特的《坏血病与维生素 C 的历史》，1989 年辛丁的《抗击佝偻病史：生物医学知识增长的理解模式》，1995 年卡佩芝的《坏血病的征服与海员的健康》等；还包括维生素与饮食史，如 1951 年鲁桂珍与李约瑟发表的《对中国饮食史的一个贡献》一文考察了现代维生素知识对中国传统营养学、饮食史的贡献。

二十世纪七八十年代，受社会文化史、观念史等史学潮流的影响，还出现维生素药物观念史，如 1971 年艾德与贝克的《早期维生素研究中的观念冲突》；维生素药物文化史，如 1996 年艾普尔的《维他命史：美国文化中的维他命》，该书荣获 1998 年克莱莫斯奖；维生素药物社会史，如罗兰的《二战日本战俘的疾病类型：两个战俘营中的饥饿、失重与营养缺乏》等。

维生素代谢

维生素代谢是维生素在生物体内的合成、降解和重新再利用的生物化学过程。

维生素（vitamin）是指人体不可缺少、必须通过膳食来获得的小分子化合物，包括 4 种脂溶性维生素（维生素 A、维生素 D、维生素 E、维生素 K）和 9 种水溶性维生素（维生素 B_1、维生素 B_2、维生素 B_3、维生素 B_5、维生素 B_6、维生素 B_7、维生素 B_9、维生素 B_{12} 和维生素 C）。人体能少量合成维生素 D 和维生素 B_{12}，但不能合成其他维生素。

维生素 A 是在治疗夜盲症中被发现的维生素，又称视黄醇，分子式 $C_{20}H_{30}O$。它可以增强免疫力、保护上皮组织健康、促进骨骼发育，若严重缺乏将导致夜盲症。植物中的类胡萝卜素是维生素 A 的合成前体，异戊烯二磷酸和甲烯丙基焦磷酸作为类胡萝卜素合成的起始化合物，经代谢缩合形成八氢番茄红素，再通过一系列反应生成 α-胡萝卜素、β-胡萝卜素、γ-胡萝卜素和 δ-胡萝卜素。在著名的生物强化产品黄金大米中，其类胡萝卜素含量达 37 微克 / 克。

维生素 B_1 是在治疗脚气病中发现的，最早从米糠中分离出来的水溶性 B 族维生素，又称硫胺素，分子式 $C_{12}H_{17}ClN_4OS$，具有促进人体碳水化合物代谢、维护神经系统健康、保持肌肉状况良好的作用，在肝、肾和白细胞内以硫胺素焦磷酸酯的形式存在。它在植物叶绿体中分别独立合成嘧啶和噻唑两个部分，然后聚合形成硫胺素，硫胺素经磷酸酯化后形成硫胺素焦磷酸。

维生素 B_2 是从牛奶的上层乳清中纯化出来的黄绿色荧光色素，又称核黄素，分子式 $C_{17}H_{20}N_4O_6$，是动植物中黄素单核苷酸和黄素腺嘌呤二核苷酸的前体，也作为重要辅酶介导许多酶促反应中的电子传递。在人体中参与碳水化合物、脂肪、蛋白质代谢，促进抗体和红细胞生成，维持细胞呼吸。维生素 B_2 在植物中是以三磷酸鸟苷酸和 5-磷酸核酮糖为底物形成的。

维生素 B_3 是作为抗糙皮病因子而发现的，又称烟酸，分子式 $C_6H_5NO_2$，具有促进人体消化及皮肤健康，改善偏头痛、高血压、腹泻，加速血液循环，减少胆固醇等功效。烟酸可以从食物中获得，也可以由色氨酸转化形成，它参与形成辅酶Ⅰ和辅酶Ⅱ，后两者均为细胞代谢过程中氧化还原反应的主要辅酶。

维生素 B_5 最早是作为酵母的生长因子而发现的，后来从肝脏中分离得到，又称泛酸，分子式 $C_9H_{17}O_5N$，与人类头发和皮肤的营养状态密切相关，具有促进伤口痊愈、抗体生成，防止疲劳、忧郁和失眠等作用，参与蛋白质、脂肪、糖的代谢。泛酸在肠内被吸收，最终转化为 4-磷酸泛酰巯基乙胺，后者是辅酶 A 及酰基载体蛋白的组成部分，可以作为乙酰化酶的辅酶。

维生素 B_6 也是从治疗糙皮病的过程中发现的，包括吡哆醛（分子式 $C_8H_9NO_3$）、吡哆醇（分子式 $C_8H_{11}NO_3$）、吡哆胺（分子式 $C_8H_{12}N_2O_2$）及其磷酸化衍生物，其中磷酸吡哆醛是多个酶促反应的辅酶，是其主要的有效形式。维生素 B_6 可调节体液、利尿、增进神经和骨骼肌肉系统的正常功能，一般缺乏时会有食欲不振等症状，严重缺乏时可以导致贫血。动植物中维生素 B_6 的合成途径都有两条：依赖脱氧木酮糖磷酸的途径和不依赖脱氧木酮糖磷酸的途径。

维生素 B_7 是从肝脏中提纯的可以预防动物皮肤损伤的化合物，又称生物素，分子式 $C_{10}H_{16}N_2O_3S$。它缺乏时可引起人类的皮肤疾病和动物脱毛，以庚二酰辅酶 A 和丙氨酸为底物形成，参与体内二氧化碳的固定和羧化过程。

维生素 B_9 最初从菠菜叶片中提纯出来，包括四氢叶酸（分子式 $C_{19}H_{23}N_7O_6$）及其衍生物，是参与 C_1 转移反应的重要辅酶，在嘌呤、胸苷酸、DNA、氨基酸和蛋白质的生物合成以及甲基循环中发挥重要作用。

叶酸缺乏通常引起高同型半胱氨酸血症和巨幼红细胞性贫血，孕妇在怀孕早期缺乏可以导致胎儿神经管畸形。叶酸的结构分为蝶啶环、对氨基苯甲酸环和谷氨酸尾，多尾形式的叶酸是主要活性分子。叶酸合成的底物包括分支酸和三磷酸鸟苷酸，它们通过一系列反应生成羟甲基二氢新蝶呤和对氨基苯甲酸，后两者逐步合成二氢蝶呤、二氢叶酸和四氢叶酸，最后形成含有多个谷氨酸的四氢叶酸。叶酸在番茄和水稻等作物中都进行过生物强化，在水稻中同时过表达三磷酸鸟苷环化酶Ⅰ和氨基脱氧分支酸合酶可以使叶酸含量在籽粒中提高 100 倍。

维生素 C 是在治疗抗坏血症过程中发现的，故又称抗坏血酸，分子式 $C_6H_8O_6$。它是人体内高效的抗氧化剂，其合成途径有 4 条：L- 半乳糖途径、L- 古洛糖途径、糖醛酸途径和肌醇途径。在植物中以 L- 半乳糖途径为主，其余几种途径在动植物中都存在。此外，维生素 C 还存在循环再利用途径。

维生素 D 是在治疗佝偻病过程中发现的，是一类脂溶性的固醇类衍生物，最重要的成员是麦角钙化醇（D_2，分子式 $C_{28}H_{44}O$）和胆钙化醇（D_3，分子式 $C_{28}H_{44}O$）。它能够促进人体利用钙和磷，防止骨质疏松，增强吸收维生素 A 的能力，若其缺乏会导致少儿佝偻病和成年人的软骨病。在人体的皮肤中含有 7- 脱氢胆固醇，在太阳光中某波段的紫外线的作用下生成维生素 D。在植物中还没有检测到维生素 D。

维生素 E 是在研究生殖过程中发现的脂溶性维生素，包括生育酚和三烯生育酚，通常为透明黏稠液体，分子式 $C_{29}H_{50}O_2$。它的缺乏可以导致男性睾丸萎缩不产生精子、女性胚胎与胚盘萎缩引起流产、皮肤产生脂褐素等症状。维生素 E 合成的底物有尿黑酸和植基二磷酸，两者缩合后进入生育酚合成通路，逐步形成 α-生育酚、β-生育酚、γ-生育酚和 δ-生育酚。同时，过表达维生素 E 代谢途径中的多个基因可以使油菜中维生素 E 的活性提高 12 倍，几乎所有生育酚都为 α-生育酚和 β-生育酚形式。大豆种子中积累的 α-生育酚比例高达 95%，维生素 E 活性增加了 5 倍。

维生素 K 是人类在预防出血的过程中发现的脂溶性维生素，包括具有叶绿醌生物活性的一类物质，其中维生素 K_1 是叶绿醌，分子式 $C_{29}H_{50}O_2$。维生素 K 的缺乏将导致新生儿的出血疾病和成人不正常凝血，它不仅促进血液凝固，还参与骨骼代谢，由一个来源于分支酸的萘酚喹环和来自植基二磷酸的植基侧链组成。

维生素发酵微生物

维生素发酵微生物是指用于发酵合成维生素及其前体的微生物。维生素是人和动物营养、生长所必需的，许多维生素是辅基或辅酶的组成部分，对机体的新陈代谢、生长、发育、健康有极重要作用，如果长期缺乏某种维生素，就会患上某种疾病。因此，维生素作为药物、保健品和营养品添加物等，其用途非常广泛和重要。维生素 C、维生素 B_2、维生素 B_{12}、β-胡萝卜素等维生素可完全或部分地利用微生物生产，所用微生物因产品、工艺和原材料的不同而不同。

维生素 C 可利用弱氧化葡糖酸杆菌、生黑葡糖酸杆菌和醋酸杆菌属的某些菌株进行由 D-山梨醇到 L-山梨糖的氧化（通称一步发酵法）。被用作底物的 D-山梨醇由 D-葡萄糖酶促还原制备。L-山梨糖经化学氧化生成 L-抗坏血酸，需先生产 L-酮基-L-古洛糖酸，然后加酸处理转化为维生素 C。中国科学院微生物研究所和北京制药厂协作，曾于 1970 年筛选到可将 L-山梨糖氧化成 2-酮基-L-古洛糖酸的、由两种细菌组成的自然组合共栖菌株 N1197A，两种细菌是条纹假单胞杆菌和氧化葡糖酸杆菌。采用上述的氧化葡糖酸杆菌与芽孢杆菌属或假单胞杆菌属的菌株混合培养，可以产生维生素 C 的前体，即 2-酮基-L-古洛糖酸。这是维生素 C 的二步发酵法，中国首先使用二步发酵法进行维生素 C 的工业生产。

维生素 B_2 又名核黄素，很多微生物可生成维生素 B_2，用于工业生产的主要是棉阿舒囊霉和阿舒假囊酵母。

维生素 B_{12} 又称钴胺素，是具有抗恶性贫血特殊效应的化合物。最初采用的生产菌株是黄杆菌和诺卡氏菌等。在工业生产中，采用巨大芽孢杆菌、费氏丙酸杆菌、舒氏丙酸杆菌、橄榄色链霉菌以及某些种的节杆菌合成维生素 B_{12}。维生素 B_{12} 也可从生产抗生素的多种链霉菌发酵菌线中提取。

β-胡萝卜素即维生素 A 原，适合于工业生产的只有三孢布拉氏霉的正、负菌株。此外，某些绿藻中合成类胡萝卜素的量也很高，可用于生产叶黄素。β-胡萝卜素还可以由铜绿假单胞菌在 pH7.0 时转变成维生素 A。

麦角甾醇是维生素 D_2 的原维生素，它大量存在于各种高等真菌的子实体、青霉、曲霉和各种菌丝以及多种酵母的细胞中，先使细胞质壁分离再抽提脂肪，从中即可获得麦角甾醇，此法已用于工业生产。

生物素即维生素 H，可由棒杆菌、分枝杆菌及毛霉等许多微生物合成，白喉杆菌和黑曲霉可利用庚二酸合成生物素。另外，硫胺素（维生素 B_1）可由大肠杆菌和酵母菌合成。某些假丝酵母、根霉通过外消旋缩合反应，可以分离得到 α-生育酚（维生素 E）的异构体。

第 **2** 章

维生素营养

维生素营养是人体从食物摄取各种维生素，经过消化、吸收和代谢，以调节机体生理功能的全过程。维生素是维持人体正常生理功能所必需的一类微量有机物质，包括脂溶性维生素和水溶性维生素。前者有维生素 A、维生素 D、维生素 E、维生素 K 等，后者有 B 族维生素和维生素 C。

维生素的命名系按发现的先后顺序，在维生素（Vitamin）后加不同的大写字母。如维生素 A、维生素 B、维生素 C、维生素 D。之后发现维生素 B 是一个复合体，经分离得到多种维生素，即以维生素 B_1、维生素 B_2 等名之。随着维生素的化学本质逐渐被弄清，也以化学名称之，如硫胺素、核黄素等。另外也有按其特有的生理功能命名的，如抗干眼病因子（维生素 A）、抗癞皮病因子（烟酸）等。

维生素的特点：①均以维生素本身或可被机体利用的前体化合物（维生素原）的形式，存在于天然食物中。②非机体结构成分，不提供能量，但担负着特殊的代谢功能。③一般不能在体内合成（维生素 D 例外），或合成量太少，必须由食物提供。④人体只需少量，但不能缺少，如果缺乏将引起特异性病变，即维生素缺乏病。

维生素的食物来源

维生素缺乏的常见原因：膳食中供给不足，人体吸收利用维生素能力降低，维生素的需要量相对增高等。维生素缺乏在体内往往是一个渐进过程。开始体内储备量降低，继之则出现与其代谢有关的生化异常，生理功能改变，然后是组织病理变化，出现临床症状发生维生素缺乏病。

维生素摄入过多时，水溶性维生素常以原形从尿中排出体外，几乎无毒性。脂溶性维生素大量摄入时，可致体内积存超负荷而造成中毒。

维生素除了能防治相应的缺乏病外，还能降低一些慢性非传染性疾病的发生风险。如摄入 β-胡萝卜素、维生素 C、维生素 E 等对治疗心血管疾病、衰老、白内障和老年黄斑变性有益；摄入维生素 A 和维生素 C 对预防贫血有益；充分摄入叶酸和维生素 B_6、维生素 B_{12} 对心血管疾病或缺血性中风的发生有一定的预防作用；维生素 C、维生素 E 对老年人认知功能的保持及预防某些癌症有益等。

维生素 A 营养

维生素 A 是人体从食物摄取维生素 A 及其前体，经过消化、吸收和代谢，以调节机体生理功能的全过程。

维生素 A（VA）又称视黄醇，是一种人体必需的脂溶性维生素。VA 是 β-紫罗兰酮衍生物的总称，包含视黄醇、视黄醛、视黄酸和视黄酯。植物性食物中含有一些具有 VA 活性的物质，称为 VA 原类胡萝卜素，主要有 α-胡萝卜素、β-胡萝卜素、β-隐黄质等。不同的类胡萝卜素的转化率不同，其 VA 活性以视黄醇活性当量（RAE）表示。1RAE ＝ 1 微克全反式视黄醇 ＝ 2 微克溶于油的纯品全反式 β-胡萝卜素 ＝ 12 微克膳食全反式 β-胡萝卜素 ＝ 24 微克膳食其他维生素源胡萝卜素。因此，膳食 RAE 的计算方法为：RAE ＝膳食或补充剂来源全反式视黄醇（μg）＋1/2 补充剂纯品全反式 β-胡萝卜素（μg）＋1/12 膳食全反式 β-胡萝卜素（μg）＋1/24 其他膳食维生素 A 类胡萝卜素（μg）。

◆　**吸收与代谢**

食物中的 VA 与胡萝卜素均在小肠吸收。进入小肠细胞的胡萝卜素在胡萝卜素双氧化酶作用下被分解为视黄醛或视黄醇。VA 经小肠中的视黄酯水解酶分解为游离状后进入小肠细胞，再在微粒体中合成 VA 棕榈酸酯，通过淋巴系统入血液循然后转运到肝脏。当周围靶组织需要时，肝脏中的维生素 A 棕榈酸酯经酯酶水解为醇式后，以 1∶1 的比例与视黄醇结合蛋白结合，再与前白蛋白结合，形成复合体后释放入血，经血液循环转运至靶组织。人体储存于肝脏中的 VA 占总量的 90% ～ 95%，少量存在于脂肪组织。

◆　**生理功能**

①维持皮肤黏膜细胞的完整性：VA 能调节糖蛋白合成，稳定上皮

细胞的细胞膜，维持上皮细胞的形态完整和功能健全。缺乏 VA 将造成全身皮肤黏膜的损伤。②维持暗光视觉功能：视网膜上杆状细胞含有的视紫红质是 11- 顺式视黄醛与视蛋白结合构成的，是对暗光敏感的感光物质，为暗视觉的必需物质。必须不断地补充维生素 A，才能维持视紫红质的合成和良好的暗光视觉功能。③促进生长发育和维护生殖功能：VA 参与细胞的 RNA、DNA 的合成，对细胞的分化、组织更新有一定影响。VA 参与软骨内成骨，维持长骨形成和牙齿的发育；维持男性睾丸发育及母体内胎盘发育。④维持和促进免疫功能：许多细胞功能活动的维持和促进作用是通过其在细胞核内的特异性受

维生素 A 的食物来源

体——视黄酸受体实现的。VA 通过核受体对靶细胞基因进行调控，维持和促进人体免疫功能等。

◆ 食物来源

视黄醇来自动物性食物，畜、禽内脏、蛋类和乳制品含量最高，可达 200 微克 /100 克以上；鱼虾类多在 20 微克 /100 克上下。胡萝卜素在深色蔬菜中的含量较高，如胡萝卜、菠菜、南瓜等可达 300RAE/100 克以上，一般水果多在 50RAE/100 克以下。

胡萝卜

胡萝卜是伞形科胡萝卜属二年生草本植物。又称红萝卜、甘荀。为野胡萝卜的变种，以肉质根作蔬菜食用。

◆ 形态特征

植株高 15 ～ 120 厘米。茎单生，全体有白色粗硬毛。基生叶薄膜质，长圆形。叶柄长 3 ～ 12 厘米。茎生叶近无柄，有叶鞘。复伞形花序，花序梗长 10 ～ 55 厘米，有糙硬毛。总苞有多数苞片，呈叶状、羽状分裂。伞辐多数，结果时外缘的伞辐向内弯曲。小总苞片 5 ～ 7，线形。花通常白色，有时带淡红色。花柄不等长，长 3 ～ 10 毫米。果实圆卵形，长 3 ～ 4 毫米，宽 2 毫米，棱上有白色刺毛。花期 5 ～ 7 月。

◆ 用途

胡萝卜质脆味美、营养丰富，素有"小人参"之称。富含糖类、脂肪、挥发油、胡萝卜素、维生素 A、维生素 B_1、维生素 B_2、花青素、钙、铁等营养成分。每 100 克胡萝卜中，约含蛋白质 0.6 克、脂肪 0.3 克、糖类 7.6 ～ 8.3 克、铁 0.6 毫克、维生素 A 1.35 ～ 17.25 毫克、维生素 B_1 0.02 ～ 0.04 毫克、维生素 B_2 0.04 ～ 0.05 毫克、维生素 C 12 毫克、热量 150.7 千焦，另含果胶、淀粉、无机盐和多种氨基酸。各类品种中，尤以深橘红色胡萝卜含有的胡萝卜素最高。

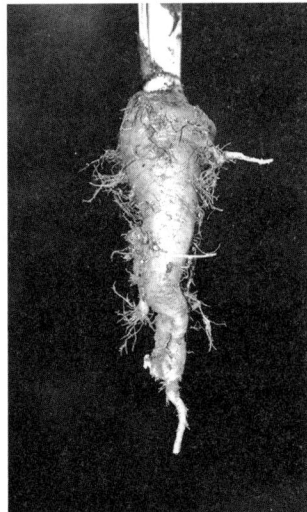

胡萝卜的根

紫背天葵

紫背天葵是指菊科菊三七属宿根性多年生常绿草本植物。又称血皮菜、紫背菜、红凤菜、观音苋、双色三七草。以嫩茎叶作蔬菜食用。

紫背天葵原产于中国，在中国台湾、四川等南方地区多有栽培，20世纪末北方开始引种。是补充蔬菜春淡季和夏、秋淡季的主要叶菜。

◆ 形态和类型

株高约45厘米，茎肉质，带有紫红色，植株生长势和分枝性强，常半直立生长，茎节易生不定根。叶长卵形，长约16厘米，宽约14厘米，边缘有锯齿，叶面绿色略带紫色，背面紫红色，具蜡质，有光泽。

紫背天葵

头状花序，伞房状着生于花梗，花筒状、橙黄色。瘦果，矩圆形、扁平，但不易结实。以叶片是否带有紫色分为绿色和紫色两个品种：绿色紫背天葵（白凤菜）比较柔嫩，品质好，但抗逆性差；紫色紫背天葵（红凤菜）口感略显粗糙，但抗逆性很强。

◆ 用途

富含维生素A、钙、钾、镁以及黄酮类物质。有减少血管紫癜、解毒消肿等药效和保健功能。可凉拌、炒食、做汤或涮食。

芜 菁

芜菁是指十字花科芸薹属芸薹种芜菁亚种两年生草本植物。又称蔓菁、圆根、盘菜。以肉质根为食用器官。

芜菁起源于地中海沿岸和阿富汗、巴基斯坦等国以及外高加索等地，由油用亚种演化而来。中国芜菁来自西伯利亚，在华北、西北、云南、贵州、江苏、浙江等地栽培历史较长。

◆ 形态特征

直根系，下胚轴与主根上部膨大形成肉质根；肉质根扁圆形、圆形、长圆形或圆锥形；外皮白色、淡金黄色、黄色或红色，根肉质白色或黄色。营养茎短缩，花茎直立，下部稍有毛，上部无毛。基生叶有裂叶和板叶两种，叶柄有叶翼，叶面多刺毛；中部及上部茎生叶长圆披针形，无毛，带粉霜；下部茎生叶像基生叶，基部抱茎或有叶柄。总状花序，完全花；花萼、花瓣均为 4 枚，花瓣鲜黄色，十字形排列；4 强雄蕊（共 6 枚雄蕊，其中 2 枚退化），雌蕊 1 枚。长角果，种子近圆形，浅黄棕色或褐色，近种脐处为黑色，千粒重 2.9 ～ 4.6 克。

◆ 用途

肉质根富含维生素 A、维生素 C、维生素 K 和叶酸，可煮食、炒食、腌渍。

牛皮菜

牛皮菜藜科甜菜属越年生草本植物，甜菜的一个变种。又称厚皮菜、叶用甜菜。牛皮菜原产于欧洲南部，后引入中国。在中国有 500 年栽培历史，在华南、华北、西南、西北等地均有种植，是良好的叶用饲料作物。

◆ 形态特征

直根粗大，圆锥形。株高因品种而异，矮生品种 30～50 厘米，高生品种 60～110 厘米。基生叶长卵形，肥大多肉；叶柄长而宽，中央具凹沟。花小，簇生，黄绿色；长穗状花序集合成圆锥形。胞果围于花被片中，聚合成球状，内含数粒种子。种子横生，扁平，双凸镜状；种皮革质，红褐色，千粒重 14.6 克。

◆ 生长习性

牛皮菜适宜的生长温度为 15～25℃，超过 30℃时生长停滞；有一定耐寒能力，可忍受短期 10℃的低温。需水量较多，在土壤和空气湿度较高时生长迅速，土壤水分不足则生长缓慢。喜光不耐阴。对土壤要求不严，耐盐碱性较强。

牛皮菜

◆ 价值

饲用价值：牛皮菜柔嫩多汁，营养价值较高，富含维生素 A、维生素 C、钙、铁和磷等；干物质中粗蛋白含量为 16%～20%，粗纤维含量在 15% 以下，猪、鹅、鸭、鸡等畜禽喜食。但牛皮菜含较多草酸，不宜饲喂过多，以免影响钙的吸收。食用价值：幼苗期可作蔬菜食用。

苎 麻

苎麻是荨麻科苎麻属多年生宿根性草本作物。又称野麻、野苎麻、家麻、苎仔、青麻、白麻。

　　苎麻起源于中国，主要起源中心在中国的中部和西部，素有"中国草"之称。中国是苎麻属野生种、栽培苎麻品种变异类型和苎麻产量最多的国家，也是世界上苎麻纤维利用和苎麻栽培历史最长的国家，苎麻纤维织成的"夏布"闻名中外。在距今 4700 多年的新石器时代遗址中，就发现有用

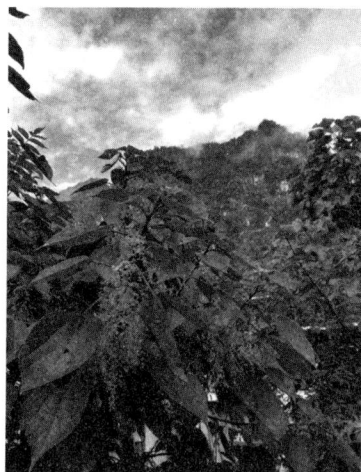

苎麻

苎麻织成的平纹布。18 世纪中国苎麻原料和纺织品就已输入欧美各国。世界上自南纬 25°到北纬 38°都有苎麻栽培，以亚热带和热带地区为多。中国苎麻的主产区在湖南、湖北、四川和江西，安徽、广西、贵州、台湾等地次之，中国南方其他地区有少量栽培。中国苎麻栽培面积和产量均占全世界的 90% 以上。

◆ 形态特征

　　苎麻根系发达，有粗大的贮藏根和细根。地下茎（俗称种根）不断分枝。各分枝的顶芽萌发出土，成为地上茎。一般每蔸有效茎为 10 ~ 30 根。茎高 1.2 ~ 2 米，直径 0.7 ~ 1.5 厘米，通常不分枝。叶呈心脏形或椭圆形，有尾状尖端。白叶种叶背有银白色交织的茸毛，叶缘有锯齿。花单性，雌雄同株，圆锥状花序腋生，雌花序生在茎上部，红色或黄色，雄花序位于下方，黄绿色。在二者交界处往往同一花序上雌花和雄花并生。种子纺锤形，褐色。千粒重 0.05 ~ 0.15 克。

◆ 生长习性

苎麻以地下茎和根系留地越冬。日平均气温上升到9℃左右时，地下茎的芽开始出土，生长的最适温度为17～30℃；低于3℃时生长停止；0℃以下麻苗受冻而死。当土层5厘米以下的地温降到3℃时地下茎遭受冻害。要求年降水量1000毫米以上，在生长季节中均匀分布。适宜相对湿度为80%～85%。当温度和降水量适宜时，地上茎每天可生长3～6厘米。干旱则生长停滞，纤维中木质素含量增加。如地下水位过高或排水不良，地下茎和根容易腐烂。丘陵、山区和平原都可栽培，但土层必须深厚。土壤pH以6～7为宜。苎麻是短日照植物。昼夜的长短会影响开花的迟早和雌、雄花数的比例；短日照条件下开花提早，雌花多，延长日照则开花期延迟且多生雄花。在中国，常在秋季开花、结实。

◆ 繁殖／育种方法

苎麻是多年生异花授粉作物，雌雄同株异花，雌花着生在植株顶部，雄花着生在雌花下部，雌雄花器均很小，花粉风媒传播，可随风飘至约1千米远的范围内。苎麻种子为瘦果，千粒重0.05克左右，1千克苎麻种子约有2000万粒，单株所产种子量极多，尽管发芽率仅为30%左右，但种子繁殖系数仍很大。苎麻既可以种子繁殖也可以营养繁殖。营养繁殖最主要的方法是嫩梢（枝）扦插。即选取6～15厘米的嫩梢（枝），保留顶部3～5片叶片，扦插于土壤或水培苗床，在保温保湿条件下生根成苗。分蔸法和细切种根（地下茎）也是常用的方法，即在早春出苗前掘出地下茎，切成6～12厘米带芽的小段或小块，直接栽植于大田中。如果采用细切种根法繁殖，可以切成3～6厘米带芽的小段，但要先育苗再移栽。还有分株法、压条法等。如用组织培养和茎梢嫩枝带叶扦插法育苗，可保持优良性状，提高繁殖系数。

苎麻杂交育种是苎麻育种最常用的方法，在杂种第一代发现具有优秀性状的单株，即可采用无性繁殖的方法，把这些有利性状固定起来，即采用无性繁殖的方法固定杂种优势。

◆ **价值**

苎麻是一种重要的纤维作物，也是亚热带和热带地区很好的蛋白质饲料作物。

◆ **纤维用途**

苎麻的单纤维长 60 ～ 250 毫米，是植物纤维中最长的。表面光滑，有纵横条纹，无捻曲。具有吸湿、散湿快以及耐磨、绝缘、热传导快等特点，且脱胶后洁白而有丝光，适于纺制夏令衣料布，如纯麻夏布或麻涤、麻棉、麻毛、麻丝混纺品。制成的衣服凉爽、易洗、快干。含麻 50% 以上的苎麻袜子透气散湿性好，穿着舒适，不易臭脚；也可用以织制床单、刺绣抽纱用布、窗帘、家居装饰织物等。

◆ **药用**

苎麻的根、叶均可入药，是民间治疗疾病的良好药物，也是传统的中药材。中国古书上有关苎麻药用的记载较多，中国古代植物学家和医学家李时珍著《本草纲目》中有着详尽的阐述。苎麻根、叶有止血、散血、消炎、安胎以及治疗感冒发烧、跌打损伤、骨折等疗效。《中药大辞典》记载"苎麻叶活血，止血、散瘀""治咯血、血淋、尿血、肛门肿痛、脱肛不收、妇人子宫炎、赤白带下"，可内服煎汤，每用 15 ～ 30 克，或绞汁服；外用捣敷或研末敷。现代研究表明，苎麻主要含黄酮类、有机酸类、胡萝卜素类、固醇类成分，具有止血、安胎、抗菌、抗病毒、抗炎、保肝等作用。苎麻叶的含蛋白质 20% 左右，还含有较多的维生素 A 及多种微量元素，可防止老年性痴呆和动脉硬化，特别是在治疗维生素 A 缺乏症及皮肤粗糙、干燥、眼干燥症，以及抗衰老等方面有利用价值。

◆ 食用与饲用

苎麻嫩茎叶干料含有 20% ～ 26% 粗蛋白、较多的维生素和必需氨基酸（赖氨酸约 1%），是一种优良的植物蛋白饲料，具有较高的食用和饲用价值。中国的一些地方早有食用苎麻叶的传统。苎麻叶加工成苎麻茶；福建、浙江一些地方至今还流传着用苎麻叶加工夹心饼、八宝包子和糯米团子等食品。苎麻叶含有丰富的叶绿素，而叶绿素是一种重要的天然色素，民间常将苎麻叶用于食品着色。苎麻嫩叶经石灰脱湿后，揉入米粉中制成糕点，十分清香可口；苎麻根含丰富的淀粉，亦可食用。中国农村一直有苎麻叶喂猪、喂牛、喂羊的习惯。苎麻鲜、干叶饲喂草鱼、家兔、鸡、猪，均有较好的增重作用，猪的瘦肉率高于对照组；苎麻叶可作为畜禽的青饲料，若制成干粉配合饲料则更有利于提高畜禽的消化利用率。苎麻干粉制成的配合饲料，与饲喂稻谷相比，成本低、效率高。根据中国农业科学院麻类研究所的实验结果，苎麻嫩茎（株高 65 厘米）的营养成分高于苜蓿，是喂养草食动物的优质牧草和蛋白饲料的理想原料。饲用苎麻一般在 65 ～ 100 厘米左右高度收获，每年可收割 6 ～ 8 次。饲用苎麻生物产量高，每亩每年可生产鲜草 6 ～ 8 吨，折合干草 1.2 ～ 1.6

吨。它的茎、叶鲜嫩，生长快，无病害，无须施药，是安全的绿色草料；饲用苎麻基地一般采用有性繁育，速度发展较快，成本低，可以多年重复收割。

牡丹籽油

牡丹籽油是由牡丹籽提取的植物油脂。又称牡丹油。为中国特有。

不饱和脂肪酸含量达 90% 以上，其中多不饱和脂肪酸——亚麻酸含量超过 40%，是橄榄油的 140 倍；亚油酸含量为 23.34%。富含维生素 A、维生素 E、烟酸和胡萝卜素等营养物质。既可内服又可外用。内服具有活血化瘀，消炎杀菌，促进细胞再生，降血压，降血脂、预防糖尿病，防脑中风和心肌梗死，清理血中有害物质和防治心脏病，缓减更年期综合征，提神健脑、增强注意力和记忆力，辅助治疗多发性硬化症，辅助治疗类风湿性关节炎，治疗皮肤癣或湿疹，预防与治疗便秘、腹泻和胃肠综合征等多种作用。外用可美容养颜，消除色素沉积，减少皱纹，使肌肤细腻光洁，富有弹性；外用还对治疗口腔溃疡、鼻炎、关节炎、皮肤病（包括青春痘、脚气、手脚蜕皮、上火起泡、湿疹、红肿、痒疼等）有奇效。

2011 年牡丹籽油获得国家新资源食品批准。

鱼肝油

鱼肝油是由鱼类肝脏炼制的油脂。广义的鱼肝油也包括鲸、海豹等海兽的肝油。鱼肝油在常温下呈黄色透明的液体状，稍有鱼腥味。

鱼肝油

因油中含有较丰富的维生素A、D，故常用于防治夜盲症、角膜软化、佝偻病和骨软化症等，对呼吸道上层黏膜等表皮组织也有保护作用。北美洲的格陵兰人、因纽特人和北欧的拉普兰人很早以前就把鱼肝油作为药品使用，但直到18世纪中叶才在英国正式大规模试用于临床。世界上生产最多的是鳕肝油，其次是鲨肝油。主要生产国为挪威、冰岛、法国和日本。

鱼肝油主要由不饱和度较高的脂肪酸甘油酯组成，除此之外还有少量的磷脂和不皂化物，维生素A、D主要存在于不皂化物中。鱼肝油是一种重要的营养补充物质，含有多种人体必需的脂肪酸，如ω-3脂肪酸、二十碳五烯酸（EPA）和二十二碳六烯酸（DHA）等。ω-3脂肪酸在人体内可以衍生出二十碳五烯酸和二十二碳六烯酸。二十碳五烯酸和二十二碳六烯酸不但在视网膜和大脑的结构膜中起重要作用，而且还是二十四碳四烯酸代谢生成花生四烯酸（AA;ARA）的调节者，对婴幼儿视力和大脑发育、成人改善血液循环、预防心血管疾病、延缓衰老等有重要意义。由于不同鱼类摄取饵料的种类和栖息环境不同，其鱼肝的含油率和油中的维生素效价差异很大。

鳕鱼、庸鲽、大菱鲆等海洋鱼类是国际上用于生产鱼肝油的传统原料。中国生产鱼肝油的原料主要来源于鲨、鳐、大黄鱼、鲐以及马面鲀。

制造方法主要有：①蒸煮法。以蒸汽直接蒸煮切碎的鱼肝，经静置或离心分离后得澄清的油。此法大多用于含油较多的鱼肝和渔船上的肝油生产。②淡碱消化法。将切碎的鱼肝加水和氢氧化钠蒸煮，经离心机分离出肝油后再进行精制。③萃取法。将切碎的鱼肝以有机溶剂进行萃取，然后从萃取液中回收溶剂，即得肝油；或将切碎的鱼肝先经淡碱消化，再用效价低的鱼肝油或者植物油萃取，此法适用于含油少而维生素效价高的鱼肝原料。经上述几种方法制得的鱼肝油粗品还须在低温下使部分硬脂析出，经过滤而得清鱼肝油。

鱼肝油一直是药用维生素 A、D 的主要来源，可制成鱼肝油胶囊。

20 世纪 40 年代以后，随着维生素 A、D 人工合成的成功，其重要性有所下降。但鱼肝油不但含有维生素 A、D，而且有着高度不饱和脂肪酸和角鲨烯、鲨肝醇等特殊药用成分，仍不失为一种有着较高利用价值的产品，如角鲨烯已成为以真正意义鱼肝油为原料

鱼肝油胶囊

制取的药物。《国家卫生计生委办公厅关于鱼肝油相关问题的复函》指出，鱼肝油是列入《中华人民共和国药典》的物品，在中国无传统食用习惯，不属于普通食品。但在多数国家和地区同时也被作为食品或膳食补充剂，如美国农业部食物营养数据库中就包括鳕鱼肝油，且归于鱼油类。

维生素 B 营养

维生素 B 是在细胞代谢过程中能够发挥重要作用的一类水溶性维生素的总称。尽管这些维生素名称相似，各自的化学结构却差异明显。不过，它们往往会在相同的食物中共存，也需要相互协同来发挥作用，因此，被归类为一族，称作 B 族维生素。作为日常膳食补充，复合维生素 B 含有 8 种成分，单独的维生素则由各自的名称表示，例如维生素 B_1、B_2 等。维生素 B 是重要代谢过程相关酶类的辅酶、辅基或代谢前体。它们的需要量虽不多，但作为人体组织必不可少的营养素，必须从食物中摄取。但它们在体内滞留的时间只有数小时，因此必须每天补充。维生素 B 的工作方式可以比作是一支足球队，每种维生素 B 相当于一个球员。想取得最佳表现，就必须有一支每位球员能各司其职且配合良好的完整球队。球员数目不足或状态不佳将会导致球赛失利和整个团队的失败。补充 B 族维生素的道理很相似，需要最佳的团队而不是个体。B 族维生素的作用相辅相成，单独摄取任何一种或其中数种，只会增加其他未补充维生素 B 的需要量，使摄取不足的部分因为缺乏而造成相关的功能异常，反而弄巧成拙。B 族维生素家族成员必须同时发挥作用的现象叫维生素 B 族共融现象。

在细胞代谢中扮演重要角色的 8 种水溶性维生素，包括维生素 B_1、维生素 B_2、维生素 B_3、维生素 B_5、维生素 B_6、维生素 B_7、维生素 B_9、维生素 B_{12}。

B 族维生素是推动体内代谢，把糖、脂肪、蛋白质等转化成热量时不可缺少的物质。B 族维生素是维持人体正常机能与代谢活动不可或缺的水溶性维生素，人体无法自行制造合成，必须额外补充。B 族维生素广泛存在于米糠、麸皮、酵母、动物的肝脏、粗粮蔬菜等食物中。B 族维生素可以帮助维持心脏、神经系统功能，维持消化系统及皮肤的健康，参与能量代谢，能增强体力、滋补强身。

维生素 B_1 又称硫胺素或抗神经炎素，是由噻唑环和嘧啶环结合而成的一种 B 族维生素。广泛存在于小麦、大米、酵母、哺乳动物、家禽、坚果和种子中，但精米和谷物中含量很少，因为这些食品的加工过程中会破坏硫胺素。正常成年人体内硫胺素的含量为 25～30 毫克，主要分布于肝脏、肾脏、骨骼肌、小肠、脑组织和皮肤中。在人体组织中，硫胺素主要以焦磷酸硫胺素的生物活性形式存在，具有清除羟自由基的能力，并具有保护神经系统的作用。人体在缺乏硫胺素饮食的 3 个月内就会出现相应的临床症状，可影响人体的神经、心血管、消化和免疫等系统，引起一系列临床疾病。硫胺素还能够促进肠胃蠕动，增加食欲，降低部分疾病发生的危险性。

维生素 B_2 又称核黄素，是具有一个核糖醇侧链的异咯嗪的衍生物，为人体必需的水溶性维生素之一。核黄素在生物界分布极广，各种组织中均含有核黄素，含量较高的食物有动物内脏、奶类、蛋类、豆制品及蔬菜等。在人体组织中，主要以黄素单核苷酸（FMN）、黄素腺嘌呤二核苷酸（FAD）辅酶形式，参与生物氧化及能量代谢，维持皮肤黏膜完整性，参与药物代谢、视觉感光过程和抗氧化，影响红细胞形成和肾上腺素产生等，在医药方面得到了广泛的应用。核黄素也是机体细胞内混合功能氧化酶系统的必要组分，此酶系统是化学致癌物在机体内代谢活化或解毒的主要酶系统，核黄素缺乏可以引起体内多种代谢障碍。在临床上，维生素 B_2 主要用于防治口角炎、舌炎、阴囊炎、结膜炎、脂溢性皮炎等核黄素缺乏症。

维生素 B_3 又称为维生素 PP，包括尼克酸（又称烟酸）和尼克酰胺（又称烟酰胺），两者都是吡啶的衍生物，它们可相互转换。在体内，烟酰胺与核糖、磷酸和腺苷酸结合构成两种辅酶形式，包括烟酰胺腺嘌呤二核苷酸和烟酰胺腺嘌呤二核苷酸磷酸，可利用其吡啶环能可逆地加氢还原和脱氢氧化，在生物氧化过程中发挥递氢体的作用。维生素 B_3 在自然界中广泛存在，动物内脏、肉类、酵母、小麦及花生中含量丰富，肠道细菌能利用色氨酸合成一部分烟酸，因此，只有当食物中同时缺乏烟酸和色氨酸时，才会导致烟酸缺乏。成人每日需要 15～20 毫克的维生素 B_3。人体缺乏维生素 B_3 时，可引起癞皮病，临床典型症状为裸露的部位产生对称性皮炎以及腹泻和痴呆。临床上，大剂量烟酸可作为降血脂药物使用，还被广泛用于保护细胞损伤、抑制炎症等病理情况的治疗，如衰老相关疾病、心脏疾病、肥胖与 2 型糖尿病以及肌肉萎缩等病症。

维生素 B_5 又称泛酸、遍多酸、本多生酸或鸡抗皮炎因子，是一种水溶性 B 族维生素，因其广泛分布于食物中而得名。为人体必需的维生素之一，是辅酶 A 和酰基载体蛋白生物合成的重要前体物质，参与生物体内碳水化合物、脂肪酸、蛋白质和能量代谢。在人体中还参与类固醇、褪黑激素、抗体和亚铁血红素的合成。人体缺乏泛酸会导致疲劳、头疼、呕吐、食欲丧失、舌炎、胃酸缺乏和对称性皮肤炎等疾病。维生

素 B_5 以其特有的生化功能广泛应用于饲料、日化、医药、食品等工业，但游离泛酸对热、酸和碱均不稳定，因此其工业应用通常使用稳定性好的衍生物。比较有效、且广为利用的是泛酸钙、泛醇、泛硫乙胺等。

维生素 B_6 是吡哆醇、吡哆醛和吡哆胺的总称，食物来源很广泛，动物性、植物性食物中均含有，通常肉类、全谷类产品（特别是小麦）、蔬菜和坚果类中含量较高，最低日需量约为 1.5 毫克。维生素 B_6 参与了人体内多种生化反应（氨基转换、脱羧反应、糖原水解、神经递质代谢及碳水化合物、鞘脂类和氨基酸合成等），还参与了 5 羟色胺的合成，因此有助于维持免疫系统正常功能。维生素 B_6 缺乏症和维生素 B_6 过量中毒均可导致周围神经病变。缺乏可引起运动轴突和感觉轴突损伤，维生素 B_6 过量可导致单纯的感觉神经病变或神经病变与感觉共济失调。

维生素 B_7 又称为生物素，是 B 族复合维生素的一部分。主要作用是帮助人体细胞把碳水化合物、脂肪和蛋白质转换成它们可以使用的能量。几乎所有食物中都包含有微量的维生素 B_7。然而，某些食物的含量更为丰富。如蛋黄、肝、牛奶、蘑菇和坚果是最好的生物素来源。因此，应该是饮食中包含这些食品。研究表明，维生素 B_7 的作用还包括帮助糖尿病患者控制血糖水平，并防止该疾病造成的神经损伤。

维生素 B_9 又称叶酸，在细胞中有多种辅酶形式，负责单碳代谢利用，用于合成嘌呤和胸腺嘧啶，于细胞增生时作为 DNA 复制的原料，提供甲基使半同胱氨酸合成甲硫氨酸，协助多种氨基酸之间的转换。因此叶酸参与细胞增生、生殖、血红素合成等作用，对血球的分化成熟，胎儿的发育（血球增生与胎儿神经发育）有重大的影响。避免半同胱氨酸堆积可以保护心脏血管，还可能减缓老年痴呆症的发生。

维生素 B_{12} 又称为钴胺素，是一类含钴的咕啉类化合物的总称，羟基钴胺素、氰基钴胺素、脱氧腺苷钴胺素和甲基钴胺素是维生素 B_{12} 主要存在形式，是自然界中由生物合成的最为复杂的小分子物质，它参与人体细胞代谢，影响 DNA 的合成与调节，还参与脂肪酸的合成和能量的生成，广泛用于营养品、食物强化剂和药品的生产。天然维生素 B_{12} 存在于动物中，包括鱼、肉、家禽、鸡蛋和牛奶。维生素 B_{12} 的推荐膳食营养素供给量（RDA）为儿童早期每天 0.9 微克到成人期每天 2.4 微克，可以满足 97.5% 人口的需要，孕期妇女为每天 6 微克。维生素 B_{12} 缺乏主要反映在血液、代谢及神经系统上，会导致高同型半氨酸血症、恶性贫血、亚急性联合变性、精神抑郁、甲基丙二酸血症、血管性痴呆以及阿尔茨海默病等疾病。

澳洲坚果

澳洲坚果是山龙眼科澳洲坚果属常绿乔木果树。又称夏威夷果、澳洲核桃、昆士兰坚果。

澳洲坚果属仅两种可供食用，即光壳种和粗壳种。

◆ 起源与分布

澳洲坚果原产于澳大利亚昆士兰东南海岸雨林和新南威尔士北部河谷地带。1857 年被发现命名；1858 年首次人工种植成功；1881 年传入夏威夷，当地于 20 世纪 40 年代末率先发展澳洲坚果；60 年代，澳大利亚开始发展。中国于 1910 年引种实生苗，1979 年中国热带农业科学院从澳大利亚引进基霍（Keauhou）等 9 个品种，80 年代末开始发展种植。2016 年，世界上有 30 多个国家或地区栽种澳洲坚果，总面积约 33 万公顷，带壳果产量约 15 万吨。中国种植面积约 16 万公顷，主要分布在滇、桂、粤、黔等省（自治区）的热带、南亚热带区域。澳洲坚果最大的生产地和消费市场是中国，其次是澳大利亚、南非、美国、巴西、肯尼亚、哥斯达黎加、危地马拉等国家。因适于栽培地区有限，产量供不应求，价格比较昂贵。

◆ **形态特征**

澳洲坚果树冠幅高达 18 米、宽 15 米，经济寿命 40 ～ 60 年。主根不发达，侧根庞大，约 70% 的根系集中分布在 0 ～ 40 厘米土层。主干直立，分枝较多，树皮粗糙，木质坚硬。叶 3 ～ 4 片轮生，革质有光泽，窄椭圆形或披针形，叶全缘或有坚硬小齿。叶片主脉、侧脉和细网脉明显可见。总状花序腋生悬垂，花乳白色或淡紫色，有香气。

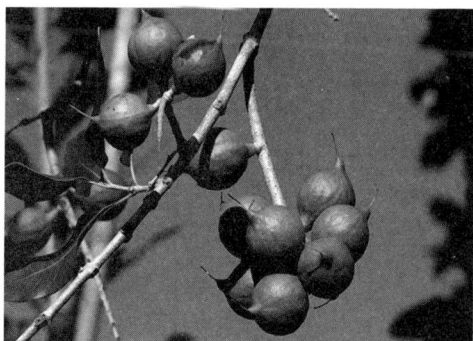

澳洲坚果的果实

花序轴长 100 ～ 300 毫米，着生 100 ～ 300 朵小花，成对或三四朵为一组规律间隔排列。果实绿色，圆球形，顶部有或无乳状突起。种子浅棕色，圆球形，种壳坚硬，种仁乳白色。

◆ **主要用途**

澳洲坚果食用部分为果仁。果仁营养丰富，每 100 克干果仁含油量高达 78%（不饱和脂肪酸占 84%），碳水化合物和蛋白质含量分别达 13.38% 和 7.79%，亦含钙、磷、铁、锌、钠、硒等多种矿质营养，以及维生素 B_1、维生素 B_2、维生素 B_3、维生素 B_5、维生素 B_6 和维生素 B_9 等 6 种 B 族维生素。不含胆固醇，长期食用具有预防心血管疾病、改善内分泌和益智等功效。果仁可生吃、加工或榨油，烤制品风味颇佳，带奶油香味，常作小吃，也作烹调或食品加工的配料。油质清香、熔点低，属高级食用油，可用作美容化妆品。

核 桃

核桃是胡桃科胡桃属落叶乔木。又称胡桃、羌桃。据史料推证，核桃起源并非"由张骞出使西域带回胡桃以后，中国始有核桃"。考古和地质发掘证据表明，早在 7000 年以前，河北省武安县、河南省密县等地已有核桃生长，并且中国也是世界核桃原产地之一。

◆ **地理分布**

核桃分布范围广，中国核桃主要分布在辽宁、北京、河北、山西、陕西、新疆、云南、西藏等 20 余个省（自治区、直辖市）。全世界有 50 多个国家种植核桃。

◆ **形态特征**

核桃一般树高 5 ～ 20 米，最高可达 30 米以上。树冠大而开张。树干皮灰白色、光滑，老时变暗有浅纵裂。枝条粗壮，光滑、具白色皮孔，髓心大。混合芽圆形或阔三角形；叶芽为三角形；隐芽很小，着生于新枝基部。奇数羽状复叶，小叶 5 ～ 11 枚。雌雄异花；雄花成柔荑花序，长 8 ～ 12 厘米；雌花序顶生，有花 1 ～ 4 朵或更多，柱头 2 裂，偶有 3 ～ 4 裂。果实为假核果（园艺分类属坚果），圆形或长圆形，外果皮肉质、绿色。果核多圆形或椭圆形，壳面具刻沟或光滑。种仁沟

核桃的果实

壑多，似脑状，被浅黄色或黄褐色种皮。一般 8 ～ 9 月成熟。

◆ **生长习性**

核桃寿命较长,盛果期可达几十年,寿命可达百年以上。按结果早晚,核桃分为早实核桃类群和晚实核桃类群,早实核桃类群在播种后 1 ～ 3 年或嫁接后 1 ～ 2 年结实,晚实核桃类群在播种后 6 年以上或嫁接后 3 年以上结实。核桃具有雌雄异熟特性,在栽培中须配置授粉树。核桃枝干受到损伤时易产生伤流,伤流以落叶期至萌芽初期最盛。核桃树喜温、喜光,幼龄树在 20℃ 条件下易出现"抽条"或冻害。核桃耐旱,但怕涝、不耐盐碱。其树冠大、枝叶多、根系发达,具有涵养水源、保持水土、防尘降霾等良好的生态作用。

◆ **主要价值**

核桃具有营养价值、药用价值和食疗价值,是深受百姓喜爱的坚果类食品之一。是世界著名的四大干果（还有扁桃、腰果、榛子）之一,核桃营养丰富,每 100 克核桃仁中含脂肪 63 克（90% 以上为不饱和脂肪酸）、蛋白质 15.4 克、碳水化合物 10.7 克、钙 108 毫克、磷 329 毫克、

铁 3.2 毫克、胡萝卜素 0.17 毫克、维生素 B_1 0.32 毫克、维生素 B_2 0.11 毫克。核桃在中国古代被称为万岁子、长寿果，在其他国家被称为大力士食品、浓缩的营养包。中医认为核桃仁性温、味甘、无毒，具有润肺、益肾、利肠、化虚痰、止虚痛、健腰脚、散风寒、通血脉、补气虚、泽肌肤等功效。现代医学和营养学研究认为，食用核桃仁具有降血压、降血脂，预防和治疗慢性心血管疾病的作用。核桃对人体有

核桃的种仁

益，一般认为核桃仁的食用量成人以每天食用 5 ～ 6 个核桃，20 ～ 30 克核桃仁为宜。核桃仁不宜食用过多，否则易生痰，令人恶心、吐食。阴虚火旺者、大便溏泄者、吐血者、出鼻血者应少食或禁食核桃仁。

◆ 用途

核桃用途广泛，除核桃仁供食用外，核桃木材色泽淡雅、纹理致密、材性良好、强度适当、耐冲力强，是高档家具、乐器、传统军工的理想用材。坚果壳可制作活性炭，打磨抛光材料，作为污水处理的滤料。核桃雄花可食，经开水焯和冷水泡之后可凉拌或做馅。除此之外，核桃青皮、分心木、枝叶等均可入药。

肉 类

肉类是指动物的皮下组织及肌肉，可食用。

肉类可分为红肉和白肉两大类。红肉指脂肪含量较高、不饱和脂肪酸含量较低的肉类，包括牛、羊、猪等哺乳动物的肉。白肉广义上是指脂肪含量较低、不饱和脂肪酸在脂肪中含量占比较高的肉类，包括禽类（鸡、鸭、鹅等）、鱼类等的肉。红肉与白肉是营养学意义上的分类，并不以肉的颜色作为判断标准。脂肪含量较少的肉类俗称瘦肉，脂肪含量较多的肉类俗称肥肉。

肉类食物中，人食用较多的为畜肉、禽肉和鱼肉。提供畜肉的家畜主要为猪、牛、羊，提供禽肉的家禽主要为鸡、鸭、鹅。提供鱼肉的食用鱼主要包括鲫鱼、草鱼、黄鱼等。

肉类含蛋白质丰富，一般在 10% ～ 20%。瘦肉比肥肉含蛋白质多。肉类中的蛋白质所含必需氨基酸全面、量多，且比例恰当，接近于人体的蛋白质，容易消化吸收。脂肪含量 10% ～ 30%，脂肪含量与动物的种类、年龄、身体的部位、育肥状况均有关系。肉类中的脂肪主要为脂肪酸和甘油三酯，还有少量卵磷脂、胆固醇、游离脂肪酸及脂溶性色素。还含有较多的维生素 B_1、维生素 B_2、烟酸等。含糖量较低，平均只有 1% ～ 5%。新鲜肉的平均含水量为 60% ～ 70%，脂肪含量与水含量成反比。100 克肉的平均能量为 880 千焦。

按照中医的理论，猪肉性微寒、有解热功能，补肾气虚弱；牛肉性温，可滋养脾胃、强健筋骨；羊肉性热，适于体虚胃寒的人食用。

茶树菇

茶树菇是球盖菇科田头菇属真菌。又称柱状田头菇、柱状环锈伞、

茶树菇

杨树菇、柳松茸、茶菇、茶薪菇、仙菇、神菇等。原产于闽西北，天然生于油茶树的枯干、树桩上。茶树菇营养丰富。粗蛋白含量为23.1%，纤维素14.4%，抗癌多糖9.9%，粗脂肪6.5%，超氧化物歧化酶活性43单位/毫升。含有人体所需的17种氨基酸，且含有钾、钠、钙、镁、锌、铜、铁、锰、锡等十余种矿物质，还含有丰富的B族维生素。

茶树菇食味鲜美，口感脆，香味浓郁、纯正，质地细嫩，是颇受欢迎的食用菌。茶树菇还具有补益、降压、安心、醒脑和抗衰老等功能，对尿频、水肿、气喘、小儿尿床、关节炎、低热和解毒等均有显著的疗效。实验证明，茶树菇提取物对小白鼠肉瘤和艾氏腹水癌的抑制率高达80%～90%。

茶树菇已从野生菇驯育成栽培品种，在福建、江西等省推广栽培。茶树菇可加工为茶树菇罐头、茶树菇原汁酱油、茶树菇浓缩液和茶树干菇等产品。

维生素 B_1 营养

维生素 B_1 营养是人体从食物中摄取维生素 B_1，经过消化、吸收和代谢，以调节机体生理功能的全过程。

维生素 B_1（VB_1）又称硫胺素、抗神经炎素，是人体必需的水溶性维生素之一。VB_1 主要在空肠和回肠吸收，由尿排出。成年人体内含 VB_1 25～30 毫克，约半数在肌肉中。心、肝、肾和脑等器官组织中含量较高，血液中的 VB_1 大多在红细胞内。

◆ **生理功能**

① VB_1 的活性形式为焦磷酸硫胺素（TPP），与糖类碳水化合物代谢密切相关。在体内构成 α 酮酸脱氢酶体系和转酮醇酶的辅酶，维持体内代谢平衡。②抑制胆碱酯酶的活性，促进胃肠蠕动。③维持神经组织的正常功能。

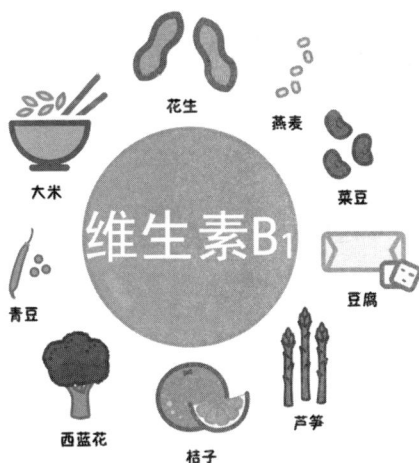

维生素 B_1 的食物来源

◆ **食物来源**

常见食物中 VB_1 含量（毫克/100 克）：葵花子仁 1.89，花生仁 0.72，瘦猪肉 0.54，大豆粉 0.41，小麦粉、小米、玉米、大米等谷类食物为

0.2～0.4，禽肉、鱼类和蔬果多在 0.1 以下。

维生素 B₂ 营养

维生素 B₂ 营养是人体从食物中摄取维生素 B₂，经过消化、吸收和代谢，以调节机体生理功能的全过程。

维生素 B₂（VB₂）又称核黄素，是人体必需的水溶性维生素。膳食中核黄素大部分在上消化道快速吸收。经血进入组织细胞。正常成年人从膳食中摄入的 VB₂ 有 60%～70% 从尿中排出，少量从其他分泌物如汗液、乳汁中排出。

维生素 B₂ 的常见食物来源

◆ 生理功能

①VB₂ 在体内以辅酶形式参与氧化还原反应和能量生成，在氨基酸、脂肪酸和糖类的代谢中起重要作用。② VB₂ 与细胞色素 P450 结合，参

与药物代谢，可提高机体对环境应激适应能力。如 3 ～ 4 个月不摄入核黄素即可造成缺乏症。

◆ 食物来源

VB$_2$ 广泛存在于动、植物性食物中。谷类的核黄素主要分布在谷皮和胚芽中，碾磨加工可丢失一部分核黄素。绿叶蔬菜中核黄素含量较浅色蔬菜高。常见食物中核黄素含量（单位：毫克 /100 克）：猪肝 0.28，鸡蛋 0.27，黄豆 0.24，牛奶 0.20，肉类 0.14 ～ 0.11，谷类食物 0.10 ～ 0.05，绿叶菜可达约 0.1，其他蔬果多在 0.05 以下。

维生素 B$_6$ 营养

维生素 B$_6$ 营养是人体从食物中摄取维生素 B$_6$，经过消化、吸收和代谢，以调节机体生理功能的全过程。

维生素 B$_6$（VB$_6$）是所有呈现吡哆醛生物活性的 3- 羟基 -2- 甲基吡啶衍生物的总称，主要是吡哆醇、吡哆醛和吡哆胺。VB$_6$ 大都能在空肠和回肠被吸收，主要以与蛋白质结合的形式存在，经肝脏黄素蛋白酶代谢后释放入血。VB$_6$ 在肝、脑、肾、脾和肌肉中含量高。其代谢产物经尿排出。

◆ 生理功能

①通过转氨基作用、脱羧基作用和转硫作用参与氨基酸代谢。②催化肝和肌肉中糖原转化和花生四烯酸合成。③参与烟酸合成及维生素 B$_{12}$ 等的吸收。④调节神经递质代谢。⑤参与一碳单位和同型半胱氨酸代谢。

◆ **食物来源**

VB_6 广泛存在于动植物性食物中，肉类、全谷物、蔬菜和坚果类中较高；动物性食物中 VB_6 的生物利用率优于植物性食物。葵花籽、榛子、黄豆、金枪鱼和鸡胸肉含量在 0.5 毫克 /100 克及以上；花生、牛肉、马铃薯、芹菜在 0.3 毫克 /100 克左右；其他蔬果和鱼类多在 0.2 毫克 /100 克及以下。

维生素 B_{12} 营养

维生素 B_{12} 营养是人体从食物中摄取维生素 B_{12}，经过消化、吸收和代谢，以调节机体生理功能的全过程。

维生素 B_{12}（VB_{12}）又称钴胺素、氰钴胺素，是所有呈现氰钴胺素生物活性的类咕啉的总称，其辅酶形式是钴胺酰胺。

VB_{12} 在回肠部被吸收。进入血循环后与血浆蛋白结合，运输至肝、肾、骨髓、红细胞、胎盘等。VB_{12} 主要贮存于肝脏，在体内以甲基钴胺素和腺苷基钴胺素两种辅酶形式参与生化反应。

◆ **生理功能**

①与胃黏膜细胞分泌的一种糖蛋白内因子（IF）结合，可预防和治疗恶性贫血。②作为甲基转移酶的辅助因子促进蛋白质和核酸合成。

◆ **食物来源**

动物肝含量最高，达（26 ～ 87）微克 /100 克；蛤蜊、海蟹等在（10 ～ 20）微克 /100 克；鸡蛋和鸭蛋分别为 1.6 微克 /100 克和 5.4 微克 /100 克；一般畜、禽、鱼肉多在（1 ～ 3）微克 /100 克。

烟酸营养

烟酸营养是人体从食物中摄取烟酸，经过消化、吸收和代谢，以调节机体生理功能的全过程。

烟酸又称尼克酸，曾称维生素 B_3，与烟酰胺一起合称为维生素 PP，是人体必需的一种水溶性 B 族维生素。烟酸主要在小肠吸收，以烟酰胺腺嘌呤二核苷酸（NAD^+）或烟酰胺腺嘌呤二核苷酸磷酸（$NADP^+$）的辅酶形式存在于组织中。肝内浓度最高，其次是心脏和肾，血中相对较少。代谢后主要由尿排出，少量随汗液、乳汁排出。

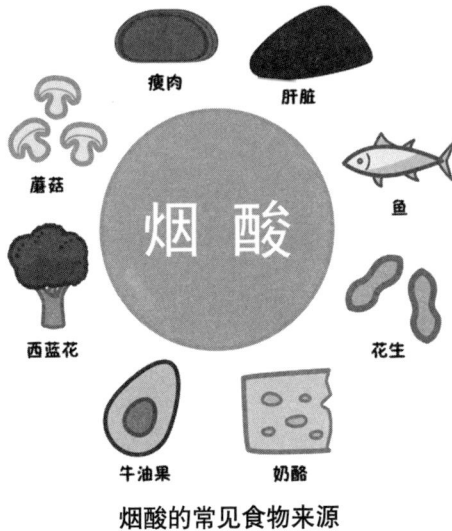

烟酸的常见食物来源

烟酸的需要量与能量消耗相关，常以毫克 /1000 千卡表示。在体内 60 毫克色氨酸可转变为 1 毫克烟酸，故膳食摄入量用烟酸当量（NE）来表示，即：

1（毫克 NE）＝ 1 烟酸（毫克）＋ 1/60 色氨酸（毫克）

◆ **生理功能**

①作为体内多种脱氢酶辅酶的组分，参与能量和氨基酸代谢。②参与蛋白质的核糖基化过程，影响 DNA 修复、复制和细胞分化。③非辅酶形式的烟酰胺作为葡萄糖耐量因子的组分，调节葡萄糖代谢。

◆ **食物来源**

烟酸和烟酰胺在肝、肾、瘦畜肉、鱼及坚果中含量丰富，可达（5～20）毫克 /100 克；谷类和水产多在（1～5）毫克 /100 克，蔬菜多在 1 毫克 /100 克以下。

泛酸营养

泛酸营养是人体从食物中摄取泛酸，经过消化、吸收和代谢，以调节机体生理功能的全过程。

泛酸是水溶性维生素 B 族之一，又名遍多酸、维生素 B_5。1954 年被定为人体必需的营养素。泛酸在小肠吸收，分布于全身组织，在心、肝、肾、肾上腺、脑和睾丸中的浓度较高。泛酸主要通过肾排出体外，也有部分被氧化为 CO_2 由肺排出。

◆ **生理功能**

①构成辅酶 A 参与脂肪酸和膜磷脂的合成。②参与糖类和蛋白质的代谢，增加 DNA 的稳定性，减少氧自由基对细胞的损害。

◆ **食物来源**

泛酸广泛存在于食物中：动物肝、肾，鸡蛋黄等在 3 毫克 /100 克以上；坚果、蘑菇、燕麦、大米等为（1～3）毫克/100克；小麦、玉米及肉类多在 1 毫克/100 克以下。

维生素 C 营养

维生素 C 营养是人体从食物中摄取必需水溶性维生素 C，经过消化、吸收和代谢，以调节机体生理功能的全过程。维生素 C（VC）又称抗坏血酸。它是一种人体必需的水溶性维生素。食物中的 VC 在小肠上段吸收，经血分布全身。人体内一般可贮存 1.2～2.0 克 VC，最多为 3 克，主要贮存于骨骼肌、脑和肝脏中。体内 VC 绝大

维生素 C 的常见食物来源

部分被分解成草酸或与硫酸结合由尿排出，部分可直接由尿排出，也有少量的 VC 由肺、汗和粪便排出。

◆ 生理功能

①通过羟化作用参与胶原蛋白合成，促进胆固醇转化及神经递质合成。②清除自由基，防止脂质过氧化反应。③促进抗体形成及增强白细胞吞噬功能，提高机体免疫力。④能促进体内铁的吸收。⑤大剂量 VC 对细菌毒素、某些重金属（如 Pb^{2+}、Hg^{2+}、Cd^{2+}、As^{2+} 等）有解毒作用。

◆ 食物来源

主要来自新鲜蔬菜与水果，辣椒、苦瓜、芥蓝、菜花等中的含量在50毫克/100克以上，白菜、萝卜、番茄及新鲜豆类多在（10～30）毫克/100克，薯、芋、茄等多在 10 毫克/100 克以下。水果中酸枣含量特高达 900 毫克/100 克，鲜枣亦约在 200 毫克/100 克，猕猴桃、草莓、山楂等在（50～100）毫克/100 克，荔枝、杧果、木瓜约在 40 毫克/100 克，柑橘类多在（20～30）毫克/100 克，香蕉及瓜类多在 15 毫克/100 克以下。

菠　菜

菠菜是藜科菠菜属一年生或二年生草本植物。又称菠薐、赤根菜、波斯草、波斯菜、菠棱、鹦鹉菜、红根菜、飞龙菜。以叶片及嫩茎供食用。

菠菜原产于伊朗，2000 年前已有栽培。后传到北非，由摩尔人传到西欧的西班牙等国。菠菜种子在唐太宗时期作为贡品从尼泊尔传入中国。

◆ 形态和类型

主根发达，肉质根红色，味甜可食。根群主要分布在25～30厘米的土壤表层。茎直立，中空，脆弱多汁，不分枝或有少数分枝。叶戟形至卵形，鲜绿色，柔嫩多汁，稍有光泽，全缘或有少数牙齿状裂片；叶簇生，抽薹前叶柄着生于短缩茎盘上，呈

菠菜

莲座状，深绿色。一般 4～5 月抽薹开花，单性花，雌雄异株，也有雌雄同株；雄花呈穗状或圆锥花序，雌花簇生于叶腋。胞果，每果含 1 粒种子，果壳坚硬、革质。

按果实外苞片的构造可分为有刺种和无刺种两个类型。前者叶片呈戟形，果实（习称种子）外壳有刺，耐寒性较强，对长日照敏感，故抽薹较早；后者叶片肥厚近似卵圆形，果实外壳无刺，耐寒性一般较弱，对长日照不敏感，故抽薹稍迟。由有刺种与无刺种配制的一代杂种（F_1）具有抗寒、丰产、耐储藏等特性，为越冬栽培的主要品种。

◆ 用途

菠菜茎叶柔软滑嫩、味美色鲜，含有丰富的维生素 C、胡萝卜素、蛋白质，以及铁、钙、磷等矿物质。除以鲜菜食用外，还可脱水制干和速冻。

豆芽菜

豆芽菜是用豆类种子培育成的幼芽。以其未展开的子叶和胚轴作蔬菜食用。豆类种子发芽前不含维生素 C，在发芽过程中，淀粉水解产生

黄豆芽

的葡萄糖为维生素 C 的生物合成提供了原料，因而维生素 C 含量增加。

常见的豆芽有黄豆芽、绿豆芽，也有黑豆芽、蚕豆芽、豌豆芽等，其中以黄豆芽的营养价值最高。①黄豆在发芽过程中，由于酶的作用，更多的钙、铁、磷、锌被释放出来，特别是天冬氨酸的含量大幅增加，可以减少人体内的乳酸堆积，消疲解乏。②绿豆芽 100 克鲜重含维生素 C20 ～ 30 毫克，可保持皮肤弹性，防止皮肤衰老变皱。此外，还含有维生素 E，可防止皮肤色素沉着，消除皮肤斑点。

针叶樱桃果

针叶樱桃是金虎尾科金虎尾属凹缘金虎尾的果实。

凹缘金虎尾为常绿灌木，树高2～3米，花果期4月至9月。叶椭圆形，先端尖；核果凸形或椭圆形，果实直径 1 ～ 3 厘米。原产于热带美洲，1991 年引进中国海南。针叶樱桃果含有蛋白质、糖、果酸及维生素 A、维生素 B$_1$、维生素 B$_2$、维生素 C、烟酸、钙、磷、铁等多种营养物质，其中维生素 C 含量高达 1215 ～ 3024 毫克 /100 克，是番石榴、木瓜及草莓等水果的 10 ～ 50 倍，为极佳的天然维生素 C 来源。除供鲜食外，也是制作天然果汁的理想原料。动物试验证明，以针叶樱桃果提取物为原料的片剂产品具有增强免疫力的功能。

2010 年中国卫生部允许针叶樱桃果作为普通食品生产经营。

番 杏

番杏是被子植物真双子叶植物石竹目番杏科番杏属的一种。又称法国菠菜。

名出《质问本草》。原产于东亚、澳大利亚和新西兰，中国分布于江苏、浙江、福建、台湾、广东、云南等省区，后又入侵到非洲和美洲热带地区。多生于海岸沙地。

一二年生肉质草本，无毛。茎常倾斜呈匍匐状，表皮细胞内有针晶，因而有颗粒状突起。单叶，互生，卵形至卵状三角形，全缘；叶柄肥厚。花单生或 2～3 朵簇生叶腋；花梗长约 2 毫米；花萼管状，裂片 3～5，内面黄绿色；无花瓣；雄蕊 4～10；心皮 3～8，合生，子房下位，3～8 室，每室 1 胚珠。坚果陀螺形，长约 5 毫米，具钝棱，有 4～5 角，不开裂，花萼宿存。花果期 8～10 月。

嫩茎叶可作蔬菜食用，因为含有维生素 C，历史上欧洲船队曾用它来预防维生素 C 缺乏症。又因含有草酸，烹饪时宜先焯水。本种与落葵和露花形似，但落葵叶形较圆，表皮细胞无颗粒状突起，而露花的叶对生。

猕猴桃

猕猴桃是猕猴桃科猕猴桃属多年生落叶藤本植物。

猕猴桃是中国特有果树资源，因猕猴喜食其果，故名猕猴桃。在国际上，因其果实形似新西兰国鸟基维鸟（kiwibird），故有英文名 kiwifruit。猕猴桃属植物自然分布于以中国为中心，南起赤道（0°）、北至寒温带（北纬 50°），但密集分布区在中国秦岭以南、横断山脉以东地区。猕猴桃属植物绝大多数为中国特有种，仅有尼泊尔的尼泊尔猕猴桃和日本的白背叶猕猴桃为中国周边国家特有分布。

◆ **起源与栽培历史**

中国古代典籍中有诸多关于猕猴桃的记载，《诗经·桧风》中有"隰有苌楚，猗傩其枝；……隰有苌楚，猗傩其华；……隰有苌楚，猗傩其实……"的描述，其中"苌楚"即猕猴桃。公元前475～前221年的《山海经·中山经》中有关于猕猴桃更为详细的记载："又东四十里，曰丰山，其上多封石，其木多桑，多羊桃。状如桃而方茎，可以为皮张。""羊桃"这一名称至今仍在许多省份的山区沿用。唐代诗人岑参在《太白东溪张老舍即事，寄舍弟侄等》一诗中描述道："中庭井阑上，一架猕猴桃。"同一时期的《本草拾遗》中记载："猕猴桃味咸温无毒，可供药用，主治骨节风，瘫痪不遂，长年白发，痔病，等等。"可见当时已有人工引种猕猴桃，并被用作药物。北宋元丰五年（1082），唐慎微著《证类本草》中载："味酸甘，……生山谷，藤生着树，叶圆有毛，其形似鸡卵大，其皮褐色，经霜始甘美可食。"从这些记载中可以看出，古人是将它作为一种野果食用的。

与中国悠久的猕猴桃民间应用历史相比，世界上其他国家猕猴桃产业的起源仅始于1904年。1903年，新西兰女教师M.I.弗雷泽利用假期看望她在宜昌苏格兰教堂从事传教工作的妹妹K.弗雷泽时，从当时在宜昌从事植物采集的英国植物采集家E.H.威尔逊处得到少许猕猴桃种子。1904年1月，弗雷泽返回新西兰时，将这些种子带到新西兰，辗转交给苗圃商人A.艾利森，使这些种子成为世界猕猴桃产业的发端。20世纪50～70年代是世界猕猴桃产业的规模商业化快速发展阶段，猕猴桃栽培出现集约化、规模化及全球化的发展趋势。优良品种"海沃德"的推出，对猕猴桃规模化、产业化起到决定性作用，至今该品种在世界猕猴桃市场仍占据重要地位。中国猕猴桃商业化栽培较新西兰起步晚，但发展速度快，自 1978 年全国性开展资源调查以来，至 2010 年中国猕猴桃的栽培面积和总产量已跃居世界第一。

◆ 形态特征

猕猴桃为功能性雌雄异株的多年生落叶藤本植物，在自然条件下，猕猴桃茎蔓攀缘于树木或其他物体上生长，植株可达 5～7 米或更高。

猕猴桃的花

猕猴桃的果实剖面和种子

狝猴桃进入结果期早，枝蔓自然更新能力强，寿命较长，可达百年以上。狝猴桃根多为肉质根，根系分布较浅，新生根初为乳白色，后变为浅褐色，老根外皮呈现灰褐色或黄褐色，内层肉红色。一年生根含水量高达84% ～ 89%，含有淀粉。狝猴桃主根不发达，骨干根少，一般主根在侧根分生并旺盛生长后即趋于缓慢生长，直到停止生长。狝猴桃枝蔓节间明显，通常有皮孔，新梢颜色以黄绿色或褐色为主，多具灰棕色或锈褐色表皮毛。茎木质部有木射线，髓部呈实心、片层状或单孔，导管显著，枝蔓横切面有许多小孔，年轮不易辨认。狝猴桃枝蔓可分为营养枝和结果枝，营养枝又可根据其长势强弱分为徒长枝、普通营养枝和衰弱枝；结果枝一般着生于结果母枝中、上部和短缩枝的上部，根据其发育程度和长度，可分为长果枝、中果枝和短果枝。狝猴桃的芽外包有3 ～ 5层黄褐色毛状鳞片，1 个叶腋间通常有 1 ～ 3 个芽，中间较大的为主芽，两侧为潜伏状副芽。主芽分为花芽和叶芽，花芽为混合芽，芽的萌发率因种类和品种而异。不同种类狝猴桃花的大小、颜色不同，雌花和雄花都是形态上的两性花、功能上的单性花。雌花多为单花，间或呈聚伞花序，雄花多为多歧聚伞花序。狝猴桃果实为浆果，表皮被茸毛、硬刺毛或无毛，子房上位，由 34 ～ 35 个心皮构成，每一心皮具有 11 ～ 43 个胚珠，胚珠着生在中轴胎座上，一般形成两排，可食用部分主要为中果皮和胎座。狝猴桃种子很小，一般种子表面有条纹或龟纹。种子长圆形，成熟的新鲜种子多为深褐色或黑褐色，干燥的种子黄褐色。

◆ 价值与用途

狝猴桃作为一种新兴水果，以其独特风味、丰富营养、健康保健作用而闻名。该属植物具有很高的综合开发利用价值。

◆ 食用价值

猕猴桃被誉为水果之王，其果实营养丰富，果实软熟后不仅风味酸甜适宜，香气浓郁，而且富含糖、维生素、矿物质、蛋白质、氨基酸等多种营养成分。与其他果品相比，每100克猕猴桃果实中维生素C含量一般为100毫克，高的可达1000毫克，比苹果高20～80倍；其所含维生素C在人体内的利用率高达94%。猕猴桃可溶性固形物含量7%～25%，总糖4%～14%，总酸0.6%～2.9%，还含有谷氨酸、天门冬氨酸等17种氨基酸，以及维生素B、维生素E、类胡萝卜素、果胶、粗纤维、多种酶类、抗癌物质芦丁和钾、钙、镁、锰等多种矿质元素，对保持人体健康具有重要的作用。

◆ 观赏价值

猕猴桃藤蔓缠绕盘曲，枝叶浓密，花颜色多样，花量多，气味芳香，果形多样奇特，适用于花架、庭廊、护栏等垂直绿化，有很高的观赏价值。

◆ 药用价值

据《新华本草纲要》记载，猕猴桃治"烦热，消渴，消化不良，食欲不振，呕吐，黄疸，石淋，痔疮，烧烫伤"。猕猴桃根茎叶果中含有多种生理活性成分，具有多种药理作用。

猕猴桃果实维生素C含量高，有助于降低血液中的胆固醇和甘油三酯水平，起到扩张血管和降低血压的作用。猕猴桃果实浓缩物中的果仁油，具有调节血脂、抗过氧化、抗衰老、增强免疫力等作用。猕猴桃根茎提取物对于治疗肺癌、消化道肿瘤及保护肝脏有一定效果，根茎中的多糖具有抗细菌感染、抑制肿瘤增殖作用，对清除自由基、抑制脂质过氧化反应、维持细胞质膜的正常结构有一定作用，可避免细胞的损害，减轻肝脏脂质代谢障碍所引起的肝损伤。

◆ 经济价值

猕猴桃的茎皮和髓中富含优质的胶液和胶质，尤其茎皮中的水溶性胶液黏性强，可作为造纸、建筑等的黏合剂。

玛咖粉

玛咖粉是以玛咖为原料，经切片、干燥、粉碎、灭菌等步骤制成的产品。

玛咖是秘鲁安第斯山区的一种十字花科植物。玛咖含有蛋白质、氨基酸、矿物元素、维生素等多种营养成分，脂肪含量很低，其中蛋白质、钙、铁、维生素 C 等的成分较高，不饱和脂肪酸占脂肪酸的比例较高。

玛咖粉具有增强人体免疫力、缓解体力疲劳、改善记忆、治疗前列腺炎、提高男性性功能、抗氧化等作用，与其营养成分和功效成分有很大的相关性。

2011 年，中华人民共和国卫生部批准玛咖粉为一种新资源食品（新食品原料），不能用于婴幼儿、孕妇及哺乳期妇女食品。

酸 角

酸角是豆科酸豆属常绿乔木植物。又称酸豆、罗望子、酸梅等。栽培或野生，原产非洲，现各热带地区均有栽培。中国台湾、福建、广东、广西、云南南部、中部和北部（金沙江河谷）常见，以云南分布面积最广，产量最高。荚果圆柱状长圆形，棕褐色，长 5 ～ 14 厘米。成熟酸角果肉酸甜，含有丰富的有机酸、糖类、氨基酸、B 族维生素及多种矿物质。可生食或熟食，或作蜜饯、调味酱和泡菜；果汁加糖水是很好的清凉饮料。在热带地区，人们常将酸角挤汁加入牛奶、冰激凌、蛋糕等食品中，制成具有特殊风味的地方小食。在中国，酸角多由当地居民作水果食用。酸角种仁榨取的油可食用。酸角种子富含酸角多糖，酸角多糖类似果胶，但性能优于果胶，是良好的食品增稠剂和稳定剂。酸角果实可入药，有祛风和抗维生素 C 缺乏之功效。酸角叶、花、果实中均含有一种酸性物质，与其他含有染料的花混合，可作染料。

2009 年中国卫生部允许酸角作为普通食品生产经营。

诺丽果浆

诺丽果浆是诺丽果经放置后熟、洗净、打浆、去皮籽、杀菌后，罐装密封制成的产品。诺丽果又称萝梨、四季果或印桑葚，原产于亚洲、澳大利亚及一些太平洋岛屿，其果实被当地人称作"神奇果"，已引种于中国海南。诺丽果浆中蛋白质占果浆干物质总量的 11.3%，且主要的氨基酸为天冬氨酸、谷氨酸和异亮氨酸；矿物质含量为 8.4%，主要为钾、钙和磷，还有少量硒。果汁中最主要的维生素是抗坏血酸，其次为维生素 A。诺丽果中含有酚类、有机酸和生物碱等活性物质，其中酚类物质中最重要的是蒽醌，有机酸中最重要的是己酸和辛酸。

2010 年中国卫生部批准诺丽果浆为新资源食品，但使用范围不包括婴幼儿食品。

芹　菜

芹菜是伞形科芹属二年生草本植物。又称旱芹、药芹、胡芹。以叶柄作蔬菜食用。

芹菜原产于地中海沿岸的沼泽地带。在古希腊、罗马时代已作为药材和香料使用，并较早地在地中海沿岸栽培，后渐东移。中国《尔雅》中有"芹，楚葵也"。《齐民要术》中有关于芹菜栽培技术的记载，所指多属水芹。直至明代李时珍著《本草纲目》，才有旱芹和水芹之分。芹菜可分为旱芹（青芹）、水芹（白芹）、西芹（香芹）三种，中国南北各地均有种植。

◆ **形态特征**

株高 60 ～ 90 厘米，侧根发达，多分布在土壤表层。叶着生在短缩茎上，叶柄基部有分生组织，能逐渐伸长。芹菜按叶柄形态可分为细柄种及宽柄种两类，前者叶柄细长，生长健壮，适于密植，易栽培，生育期一般较宽柄种为短，由于中国普遍栽培，通称"本芹"；宽柄种多由欧美

芹菜是高纤维食物

引入，叶柄宽厚，肉质脆嫩，外形光滑，品质优良，但在冷凉气候下较难栽培，通称"西芹"。除叶用种外，尚有变种根芹菜，根肥大而圆，中国也有栽培。

◆ **用途**

芹菜含芳香油、蛋白质、无机盐和丰富的维生素。叶用芹维生素 C 含量较多，根用芹维生素 C 含量略少，矿物质和纤维素较丰富。芹菜是高纤维食物，经肠内消化作用产生木质素或肠内酯，这类物质是抗氧化剂，因此常吃芹菜可帮助皮肤有效地抗衰老，达到美白护肤的功效。除作蔬菜外，芹菜在中医学上有止血、益气、利尿、降血压等功能。果实中的芳香油经蒸馏提炼后可用作调和香精的原料。

辣　椒

辣椒是茄科辣椒属一年生草本。在热带可为多年生灌木。又称番椒。以果实供食用。

辣椒原产于南美洲的秘鲁，在墨西哥驯化为栽培种，15 世纪传入欧洲，明代传入中国。清陈淏子《花镜》有"番椒……丛生白花，深秋结子，俨如秃笔头倒垂，初绿后朱红，悬经可观，其味最辣"的记载。世界各地都有种植。

◆ **形态和类型**

根系不发达。茎直立，高 30～150 厘米。单叶互生，卵圆形，叶面光滑。主茎抽生 6～15 片叶时着生一朵花，单生或簇生；花多为白色，自花传粉，但天然异交率可达 10% 左右。浆果，汁少。细长形果实多为 2 室，圆形及扁圆形果多为 3～4 室。种子多数着生在中轴胎座上，胎座不发达且硬化，形成空腔。果面平滑或皱褶，具光泽。果实呈扁圆、圆柱、圆球、长角、圆锥或线形，大小差别显著。牛角椒和线椒的纵径达 30 厘米，大甜椒的横径达 15 厘米以上，而细米椒则小如稻谷。单生果一般下垂，少数向上；簇生果多向上，个别下垂。大型果一般单生，每株结果数少；小型果结果数多，有的品种一株可结 200～300 个。果实在成熟过程中有明显的色素变化。青熟果老熟时因叶绿素含量迅速下降、茄红素增加而由绿色转为红色果；以胡萝卜素为主要色素的果实

簇生辣椒果实

圆锥形辣椒果实

老熟时则形成黄色果。作观赏用的"五彩椒"因同一株上同时生有转色期间不同颜色的果实而得名。辣椒的辛辣味来自果实组织中的辣椒素（$C_{18}H_{27}NO_3$），其含量在果实成熟过程中逐渐增加，至果实红熟时达最高。小型果的辣椒素含量一般高于大型果。辣味浓度以中国云南思茅、瑞丽等地的涮辣椒为较大，朝天椒、细米椒次之，牛角椒、线辣椒又次之，大甜椒辣味较淡。

常栽培的辣椒有 5 个种：一年生辣椒、灌木状辣椒、中国辣椒、下垂辣椒、柔毛辣椒。其中一年生辣椒的栽培面积最大，其有 5 个主要变种：灯笼椒、长椒、圆锥椒、簇生椒、樱桃椒。染色体数均为 $2n =$ 24。一般在高纬度及高海拔地区盛产灯笼椒；低纬度及低海拔地区盛产长椒、圆锥椒和簇生椒。中国的栽培品种以灯笼椒、长椒和圆锥椒较多，簇生椒较少，樱桃椒很少栽培。辣椒的消费在不断发生变化，中国北方以消费甜椒为主，变化不大；南方的辣椒消费量变化较大，以前以牛角椒和羊角椒为主，至 2017 年线椒的消费量大增，螺丝椒的消费量也在慢慢增加（螺丝椒之前主要在西北地区消费）；江苏和重庆以消费泡椒为主。市场上销量较大的有以下类型：甜椒、线椒、牛角椒、羊角椒、螺丝椒、泡椒、朝天椒和美人椒等。以鲜椒供食用的品种要求果大、肉厚；供制干椒用的品种要求果肉薄、色深红且具光泽，含油分多，辣味浓。

◆ 用途

辣椒素有兴奋作用，能增进食欲，帮助消化。果实中含多种维生素，以维生素 C 含量最高，每 100 克鲜重含量可达 150 ～ 200 毫克，在蔬菜中居首位。红熟椒的维生素 C 含量高于青椒。鲜椒干制后，其中的维生素C被破坏，罐藏则能充分保存。甜椒果实中含糖和果胶物质较多，干物质较少。一般以未成熟的青椒及大中果型的红熟椒作鲜菜用，以味辣的小果型红熟干椒及辣椒粉作调料或医药用。用于干制的多为线椒和朝天椒。干辣椒及辣椒粉是中国重要的出口产品。

青花菜

青花菜是十字花科芸薹属甘蓝种的一个变种。又称绿菜花、西蓝花、木立花椰菜。以绿色或紫色花球供食用。

青花菜由原产于地中海东部沿岸的甘蓝演化而成。美国、欧洲各国、日本广泛栽培。19世纪末传入中国，20世纪80年代后南北各地均有栽培。

◆ **形态和类型**

根系发达，茎较短缩。叶阔卵形至椭圆形，叶面被蜡粉，叶色主要有绿、蓝绿、灰绿、深灰绿等。由肉质短缩花茎、枝和花蕾组成花球，有浅绿、绿、深绿、灰绿、浅红、紫红、深紫、灰紫、紫色、浅黄、黄绿、黄等色。复总状花序，花黄色。种子近圆球形，褐色，千粒重3.5～6.0克。按花球色泽可分为绿花球和紫花球两种。常用品种有日本的里绿等。

◆ **用途**

营养丰富，所含维生素C（113毫克/100克鲜样）、维生素A、维生素

青花菜

B_1、维生素 B_2 以及钙（103 毫克 /100 克鲜样）、磷、铁等矿物质均高于甘蓝类其他蔬菜，并具有保健效果。可炒食、速冻、加工制罐。

葱

百合科葱属多年生宿根草本植物。以叶鞘和叶片供食用。葱在中国自古栽培，2000 多年前的《尔雅》中已见记载。

◆ 形态和类型

叶片管状，中空，绿色，先端尖，叶鞘圆筒状，抱合成为假茎，色白，通称葱白。分生组织在叶鞘基部，葱叶收割后仍能继续生长。茎短缩为盘状，茎盘周围密生弦线状根。伞形花序球状，位于总苞中。花白色，每花结种子6粒，千粒重3～3.5克。

葱

葱可分为普通大葱、分葱、楼葱和胡葱。①普通大葱。中国的主要栽培种为普通大葱，可按假茎的高度分为长白葱（梧桐葱）、中白葱（鸡腿葱）和短白葱（秤砣葱）3 个类型。②分葱。叶色浓，葱白为纯白色，辣味淡，品质佳。③楼葱。又名龙爪葱。洁白而味甜，葱叶短小，品质欠佳。④胡葱。多在南方栽培，质柔味淡，以食葱叶为主。

◆ 用途

葱含有挥发性硫化物，具特殊辛辣味，是重要的解腥、调味品。葱白甘甜脆嫩。葱叶和葱白含维生素C、胡萝卜素和磷较多。中医学认为葱有杀菌、通乳、利尿、发汗和安眠等药效。

余 甘

余甘是大戟科叶下珠属乔木或灌木。又称油甘子、油甘、滇橄榄。余甘是较耐寒、耐旱、耐瘠薄的热带落叶果树，也是一种先锋植物。中国民间将其作为中药已有近2000年历史，汉章帝时（公元75～88）杨孚著《异物志》记载："余甘，大小如弹丸；视之，理如定陶瓜。初入口，苦涩；咽之口中，乃更甜美足味。盐蒸之尤美，可多食。"初食其果，味酸涩，食后则回甘生津，故名。

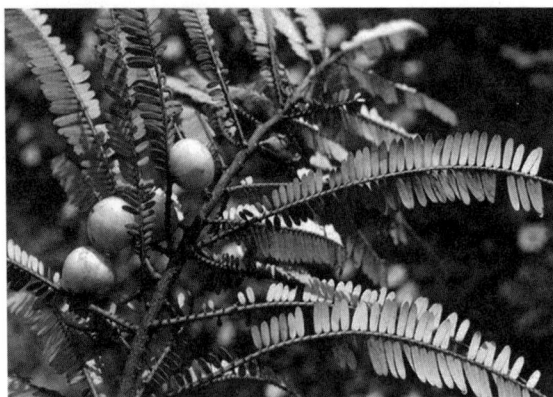

余甘

◆ **分布地区**

在中国主要分布于福建、广东、广西、云南、海南、四川等地，在国外主要分布于印度、巴基斯坦、马来西亚、缅甸、斯里兰卡、印度尼西亚，以及南美洲一些国家。生于海拔200～2300米的山地疏林、灌丛、荒地或山沟向阳处。

◆ **形态特征**

树高 1 ～ 7 米，根群发达。树皮浅褐色，枝条具纵细条纹，被黄褐色短柔毛。叶片纸质至革质，线状长圆形，浅黄绿色，二列互生于小枝两侧，20 余对，似羽状复叶。花小，单性，雌雄同

余甘的果实

株；多朵雄花和 1 朵雌花或雄花 3 ～ 7 朵簇生于叶腋，形成花序。蒴果呈核果状，圆球形，果径 1 ～ 3 厘米，外果皮肉质，淡绿或淡黄色，被薄蜡，光滑半透明，有 5 条稍凹陷的棱线。种子略带红色，长 5 ～ 6 毫米，宽 2 ～ 3 毫米。余甘花期和果实成熟期因品种与地区不同而有显著差异，花期有春开一次花、春秋开两次花和四季开花等情况：春花 2 ～ 4 月，花期 1 ～ 1.5 个月；夏花 6 ～ 8 月，秋花 9 ～ 10 月，开花时间分别只有 10 天左右。果实成熟期为 7 月至翌年 2 月，一般早熟品种 7 月成熟，中熟品种 8 ～ 9 月成熟，晚熟品种 10 ～ 12 月成熟，二次开花的则翌年 2 月陆续成熟。

◆ **主要用途**

余甘鲜果维生素 C 含量甚高，每百克鲜果含维生素 C 500 ～ 1814 毫克，高于柑橘 30 ～ 50 倍、苹果 60 ～ 130 倍。超氧化物歧化酶（SOD）含量亦高，具有抗菌、抗氧化、降血压和血脂、化痰清血热、防治肝胆

病等作用。血虚者忌食。除鲜食外，还可腌制、制蜜饯或作为提取余甘多糖、黄酮的原料。

维生素 D 营养

维生素 D 营养是人体从食物中获取维生素 D，经过消化、吸收和代谢，以及由皮肤中含有 7-脱氢胆固醇，在日光照射下转化为维生素 D_3 以调节机体生理功能的全过程。

维生素 D（VD）是一种人类必需的脂溶性维生素，是显示胆钙化固醇（维生素 D_3）生物活性的所有类固醇的总称。VD 在小肠被动吸收，多数由 VD 结合蛋白或脂蛋白携带到肝，羟化形成 $25\text{-}(OH)D_3$，然后在肾进一步羟化形成 $1,25\text{-}(OH)_2D_3$。人体脂肪组织中含有 VD 总量的 20% 左右，肾、肝、肺、主动脉和心脏中都有分布。血浆中 $25\text{-}(OH)D_3$ 占绝对优势。VD 代谢产物多通过胆汁从粪便排出。

◆ **生理功能**

维生素 D 是骨骼和牙齿健康所必需。其主要生理作用为调节钙磷代谢和骨基质钙化。维生素 D 促进小肠黏膜上皮对钙、磷的吸收，促进肾近曲小管对钙、磷的重吸收。维生素 D 对骨有两种作用：骨是人体的钙库，当血钙降低时，$1,25\text{-}(OH)_2D$ 与 PTH 协同作用，通过促进破骨细胞活性，使骨盐溶解，维持血浆钙、磷的正常浓度。$1,25\text{-}(OH)_2D$ 可促进骺板软骨和类骨组织钙化，维持钙、磷在血浆中的饱和状态，有利于骨盐的沉积。

此外除骨、肾、肠和甲状旁腺等经典的靶器官外，大脑、胰腺、垂体、皮肤、肌肉、胎盘和免疫组织表达维生素 D 受体，说明维生素 D 的作用十分广泛。维生素 D 的非骨骼作用部位包括皮肤组织、骨骼肌、免疫系统、神经组织、心血管、生殖器官等。

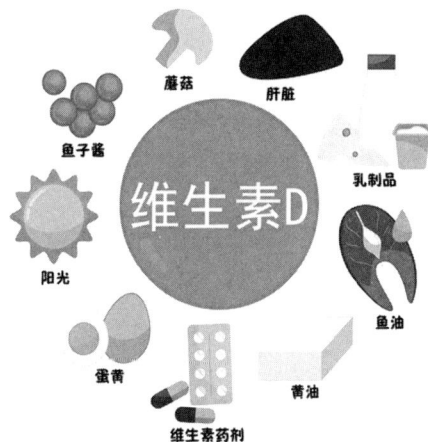

维生素 D 的食物来源

◆ **食物来源**

鱼肝和鱼油含 VD 最丰富。食物以奶酪、蛋黄、沙丁鱼、香菇、猪油含量为高，在 2 微克 /100 克以上；香肠、牛内脏、猪肉及一些海产品在 1 微克 /100 克左右。

维生素 D 主要包括维生素 D_2（麦角钙化醇）和维生素 D_3（胆钙化醇）。维生素 D_2 源于植物，为紫外线照射麦角固醇形成，极微量存在于自然界；维生素 D_3 源于动物，为紫外线照射人与动物皮肤后，由皮肤内分 7- 脱氢胆固醇转化而成。同时维生素 D_2、D_3 皆可人工合成。维生素 D 不仅仅是一种必需营养素，也是激素的前体。维生素 D 的中间代谢产物 1,25-$(OH)_2D$ 是典型的内分泌激素和旁分泌激素。

人类主要从食物中摄入和皮肤合成两个途径获得维生素 D。日常食物中含量较少，仅深海鱼、菌类、奶酪和蛋黄可提供部分维生素 D。在阳光或紫外光照射下，存在于大多数高等动物的表皮组织的 7-脱氢胆固醇经光化学反应转化而成维生素 D_3。

户外活动、接受充足的光照可促进皮肤合成维生素 D，但大气污染、年龄、皮肤色素沉着、玻璃等都会影响皮肤维生素 D 的合成。所以，正常的维生素 D 水平不仅需要阳光照射，同时应注重饮食中维生素 D 补充。

◆ **维生素 D 缺乏**

现评估维生素 D 营养供给的公认指标为血清 25-（OH）D，根据血清 25-（OH）D 水平，将维生素 D 的营养状态分为严重维生素 D 缺乏、轻度维生素 D 缺乏、维生素 D 不足、维生素 D 正常四种。由于日光照射不足、饮食供给不足、肠道吸收障碍及某些药物引起维生素 D 分解增加等原因导致维生素 D 缺乏，常可引起儿童佝偻病、成人骨软化症等，两者均是以骨基质钙盐沉着与骨矿化障碍为主的慢性代谢性疾病，主要表现为骨和关节疼痛、肌无力、失眠、紧张以及腹泻等症状。维生素 D 缺乏时，钙磷吸收障碍。常用的维生素 D 制剂有不同浓度的维生素 AD 滴剂或鱼肝油、D_2 片剂、维生素 AD 或 D 胶丸和 D_2、D_3 针剂等。

◆ **维生素 D 中毒**

当口服或注射维生素 D 制剂过量，血清 25-（OH）D ≥ 150 纳克/毫升时，可出现维生素 D 中毒，表现为高钙血症、高尿钙、厌食、恶心、呕吐、口渴、多尿、关节疼痛及肾脏、心血管、肺、脑等器官异位钙沉着，严重者可出现肾衰竭。

◆ **临床应用**

维生素 D 可用于预防及治疗佝偻病、骨软化症、婴儿手足抽搐症及骨质疏松症等。

活性维生素 D

活性维生素 D 是天然维生素 D_3 经肝、肾两次羟化后所形成的一种类固醇激素，即 $1,25\text{-}(OH)_2D_3$。

作为维生素 D 受体激动剂（VDRA），$1,25\text{-}(OH)_2D_3$ 通过核受体（nVDR）和膜受体（mVDR）发挥调节机体钙、磷代谢平衡及骨形成等多种生物学作用。

◆ **分类**

活性维生素 D 主要包括 $25\text{-}(OH)D_3$（骨化二醇）、$1\alpha\text{-}(OH)D_2$（多西骨化醇）、$1\alpha\text{-}(OH)D_3$（阿法骨化醇）、$1,25\text{-}(OH)_2D_3$（骨化三醇）及 $19\text{-}nor\text{-}1,25\text{-}(OH)_2D_2$（帕立骨化醇）、$1,25\text{-}(OH)_2OXA\,D_3$（马沙骨化醇）等。依据对肠黏膜细胞和甲状旁腺细胞 mVDR 亲和力分为选择性和非选择性 VDRA。骨化二醇、多西骨化醇、阿法骨化醇及骨化三醇均为非选择性 VDRA；帕立骨化醇和马沙骨化醇为选择性 VDRA，对甲状旁腺细胞的 VDR 亲和力强于肠道黏膜细胞。

◆ **合成与代谢**

人体内 80%～90% 维生素 D 来源于皮下组织中 7-脱氢胆固醇，经皮肤在阳光紫外线 β 照射合成维生素 D_3；另外 10%～20% 的维生素 D 来源于食物中的天然维生素 D（维生素 D_2 和维生素 D_3）。维生素

D 首先在肝脏细胞线粒体内经 25-羟化酶作用后形成 25-(OH)D$_3$；随后在肾小管上皮细胞内经 1α-羟化酶和 24-羟化酶作用，生成具有活性的 1,25-(OH)$_2$D$_3$ 和 24,25-(OH)$_2$D$_3$。日光照射以及天然维生素 D$_3$ 摄入不足，可以导致活性维生素 D 缺乏。25-(OH)D 在体内的转运需与血浆中维生素 D 结合蛋白（VDBP）结合，VDBP 的减少也会导致 1,25-(OH)$_2$D$_3$ 的生成受抑制。肾脏是调节活性维生素 D 的重要器官，慢性肾脏疾病患者肾小管上皮细胞 1α-羟化酶表达和活性降低可直接导致 1,25-(OH)$_2$D$_3$ 减少；在慢性肾脏疾病进展期，高血钙、高血磷、高甲状旁腺激素（PTH）以及成纤维细胞生长因子 23（FGF23）的升高，可抑制肾脏 1α-羟化酶活性，减少 1,25-(OH)$_2$D$_3$ 产生；此外，上述因素还可通过刺激 24-羟化酶，使 1,25-(OH)$_2$D$_3$ 转化为 1,24,25-(OH)$_3$D，促进 1,25-(OH)$_2$D$_3$ 降解，导致慢性肾脏疾病患者严重活性维生素 D$_3$ 缺乏。

◆ **生物学作用及其应用**

升高血钙和血磷

活性维生素 D 可促进肠道对钙吸收以及肾小管上皮细胞重吸收钙，并动员骨钙入血；间接使磷吸收增加，减少肾小管磷的排泄。

调节骨代谢

活性维生素 D 与 PTH 协调作用对保持骨代谢平衡具有重要作用。在维生素 D 的辅助下，PTH 的稳定释放可使成骨细胞成熟、凋亡和破骨细胞的生成、分化处于动态平衡。

抑制 PTH 分泌

维生素 D 抑制甲状旁腺细胞增殖，上调甲状旁腺细胞钙敏感受体表达，增强甲状旁腺细胞对钙离子的敏感性，升高血钙水平，抑制 PTH 分泌。

增加肌力、平衡力，降低跌倒风险

活性维生素 D 可通过骨骼肌和神经细胞的 VDR，优化肌细胞形态，使骨骼肌肌纤维增多；诱导神经生长因子的合成，增强神经肌肉的协调，从而减少跌倒风险。

免疫调节作用

活性维生素 D 通过调控单核巨噬细胞功能、B 淋巴细胞分化和增殖、诱导调节 T 细胞产生以及调控 T 淋巴细胞分化和分泌细胞因子等重要免疫反应过程，发挥增强先天性免疫，减低适应性免疫的作用。

防治心血管疾病

维生素 D 下调肾素表达，影响肾素－血管紧张素－醛固酮系统活性；降低胰岛素抵抗；改善因钙离子依赖的钾通道受损引起的收缩阻力血管对缓激肽舒张作用的低反应性；具有降低收缩压及抗心肌肥大和增生等作用。

抗肿瘤作用

维生素 D 调节参与调节细胞增殖、分化、凋亡、自噬和上皮间充质转化；血管生成和免疫功能；影响从肿瘤发生到转移和肿瘤细胞微环境相互作用的全过程。

肾脏保护作用

活性维生素 D 下调肾素表达，抑制肾素－血管紧张素－醛固酮系统活性；降低肾小球滤过压；保护足细胞，减少蛋白尿；改善肾组织炎症状态，抑制肾组织纤维化。

紫云英花粉

紫云英花粉是豆科黄芪属二年生草本植物紫云英的雄配子体。花粉粒呈长球形，极面观近圆形，赤道面观为长椭圆形，大小为（15～20）微米×（11～15）微米。具三孔沟，沟细长，末端稍尖，内孔大，长椭圆形。外壁厚 1.26 微米，层次明显，外层稍厚于内层，表面具有不明显的颗粒纹饰。

紫云英花粉氨基酸含量达 25.703 克/100 克，居常见诸花粉之首，其中以谷氨酸、脯氨酸、天冬氨酸、亮氨酸含量为多，但游离氨基酸较低，人体必需氨基酸为 66.89 毫克/100 克。还含有丰富的磷脂、生长素、核酸、多种维生素和微量元素，尤其维生素 D 和锌含量较多，几乎不含雌二醇，是诸花粉中含雌二醇最少者，适用于儿童、青春少年的保健品。

1998 年中国卫生部决定将紫云英花粉列为普通食品管理。

骨密度

增加骨骼矿物质密度，提高骨骼强度，预防骨质疏松症和骨折。

骨密度指骨骼矿物质密度，是骨骼强度的一个重要指标，反映骨质疏松程度，是预测骨折危险性的重要依据。饮食和运动均可增加骨密度，增加骨密度的保健食品原料包括钙、维生素 D、降钙素、磷酸盐、大豆异黄酮等。钙是骨骼和牙齿的必需矿物质，是维系骨密度的基础营养。维生素 D 可促进钙的吸收。降钙素可降低血钙，增加骨质中的钙含量。

磷与钙结合成骨矿物质，合理的钙磷比例有利于钙的吸收。大豆异黄酮可与破骨细胞上的雌激素受体结合，减少骨质流失。

2012 年，国家食品药品监督管理总局发布《保健食品功能范围调整方案》。根据方案，"增加骨密度"修改为"有助于增加骨密度"。

鱼肝油滴剂

鱼肝油滴剂是在鱼肝油中添加一定量的维生素 A、D，食用时以滴管滴入口中的药用制品。即维生素 AD 滴剂。

鱼肝油滴剂主要分为淡鱼肝油滴剂和浓鱼肝油滴剂两种类型：淡鱼肝油滴剂每克含维生素 A 5000 国际单位，维生素 D 500 国际单位；浓鱼肝油滴剂每克含维生素 A 50000 国际单位，维生素 D 5000 国际单位。鱼肝油滴剂适用于维生素 A、D 缺乏症，如佝偻病、夜盲症及小儿手足抽搐症，并可促进胎儿和婴幼儿的生长发育。

过量服用维生素 AD 滴剂可产生慢性中毒，早期表现为骨关节疼痛、肿胀，皮肤瘙痒，口唇干裂，软弱，发热，头痛，便秘，腹泻，恶心呕吐等，出现这些症状时应及时就医；大量应用鱼肝油滴剂可致急性中毒，甚至死亡。故服用鱼肝油滴剂应遵循医嘱。

海产油

海产油是取自海产植物或海产动物的油脂。

海产油曾主要指为摄取足够的脂溶性维生素 A 和维生素 D 而服用的带腥味的鱼肝油。出于历史习惯，世界范围内术语"海产油""鱼油"

和"海产植物及动物油"可互换使用，采用"海产油"主要是为了区别于来自陆地植物和动物的油脂。海产油不仅局限于鱼油，海藻油、南极磷虾油、海豹油、鲸油等均属海产油。把海产油称为鱼油的主要原因是鱼的副产品是商品海产油的最大来源。

海产油最大特征是富含 ω-3 高度不饱和脂肪酸，而陆地动植物油脂中的不饱和脂肪酸是 ω-6 多不饱和脂肪酸。海产油不仅具有很高的食用和医疗健康价值，还可用于皮革、油漆和清漆、润滑剂、肥皂、杀虫喷雾剂、金属表面防护剂等的制备。

维生素 E 营养

维生素 E 营养是人体从食物中摄取维生素 E，经过消化、吸收和代谢，以调节机体生理功能的全过程。

维生素 E（VE）又称生育酚，是人体必需的一组脂溶性维生素，包括 α-生育酚、β-生育酚、γ-生育酚和 δ-生育酚和 α-三烯生育酚、β-三烯生育酚、γ-三烯生育酚和 δ-三烯生育酚，均具有抗氧化活性但其强度各不相同。膳食中的 VE 活性以 α-生育酚当量（α-TE）表示。膳食 α-TE（毫克）= α-生育酚（毫克）+ 0.5×β-生育酚（毫克）+ 0.1×γ-生育酚（毫克）+ 0.02×δ-生育酚（毫克）+ 0.3×α-三烯生育酚（毫克）。合成的 VE 为全外消旋 α-生育酚，其醋酸酯 1 毫克为 1 国际单位，相当于 0.67 毫克 α-TE。VE 在小肠上部吸收，多储存于脂肪、肝及肌肉等组织器官中。

◆ **生理功能**

①酶抗氧化系统中重要的抗氧化剂，能清除体内的自由基，抑制细胞膜脂质的过氧化反应，抑制与炎性反应有关的细胞因子释放，减少血管内皮损伤和预防溶血。②维持正常免疫功能，特别是 T 淋巴细胞功能。③维持哺乳动物正常生育功能。

◆ **食物来源**

所有的高等植物均含有一定量的 VE，尤以种子中为多。α-生育酚主要存在于叶绿体内，而 β-生育酚、γ-生育酚和 δ-生育酚通常见于叶绿体外。某些植物的麸糠和麦芽中含有三烯生育酚。常见食用油的含量多在 50 毫克 /100 克左右；大豆、花生、常见坚果、油籽含量在 10～30 毫克 /100 克；其他食物一般在 10 毫克 /100 克以下。

维生素 E 的常见食物来源

葵花籽油

葵花籽油是从向日葵果实葵花籽中提取的食用油脂。葵花籽油中的脂肪酸主要有棕榈酸(6%～8%)、硬脂酸(2%～3%)、油酸(14%～17%)及亚油酸（65%～78%）。其中，不饱和脂肪酸含量约85%，而不饱和脂肪酸中的油酸和亚油酸比例约为1∶3.5，为高亚油酸油脂，人体消化吸收率高达96%。葵花籽油富含维生素E、胡萝卜素及镁、磷、钠、钙、铁、钾、锌等营养物质。维生素E含量比一般植物油高，且亚油酸含量与维生素E含量的比例较均衡。

葵花籽油颜色金黄，澄清透明，气味清香；烟点高，烹饪时易保留天然食品风味。在世界范围内，葵花籽油的消费量仅次棕榈油、大豆油和菜籽油，在植物油中居第4位。

葵花籽油有辅助降低胆固醇，防止血管硬化和预防冠心病的作用，可促进人体细胞的再生和成长，是一种高级营养油。

元宝枫籽油

元宝枫籽油是由元宝枫的种子提炼出的植物油脂。元宝枫籽油的脂肪酸组成介于花生油和菜籽油之间，不饱和脂肪酸含量达90%以上。含有5.8%的功能性脂肪酸——神经酸。各国科学家公认神经酸是大脑神经纤维和神经细胞的核心天然成分，也是唯一能修复疏通受损大脑神经纤维并促进神经细胞再生的双效神奇物质。神经酸的缺乏可引起脑中风后遗症、脑瘫、脑萎缩、记忆力衰退、失眠健忘等脑疾病。元宝枫籽油中维生素E含量为125.23毫克/100克，远高于橄榄油和棕榈油。维生素 E 具有抗不育、预防冠心病和癌症等作用，同时维生素 E 本身就是一种优良的天然抗氧化剂，故元宝枫籽油耐贮存，一次精滤的原油常温避光保存 3 年不会酸败变质。

元宝枫籽油对几种常见的食品中腐败菌有较广泛的抑制作用，特别是对大肠杆菌、枯草芽孢杆菌和黄曲霉的抗菌作用极佳，可用作天然无毒防腐剂。

动物试验证明，元宝枫籽油还具有良好的抗肿瘤作用。

元宝枫籽油的制取方法有溶剂浸提、土法榨取和机械榨取等。2011年卫生部批准元宝枫籽油为新资源食品。

茶叶籽油

茶叶籽油是茶树种子压榨出的油脂。茶叶籽油属木本油脂，常温下为液体，具有特定气味。不饱和脂肪酸含量高达 80%，其中亚油酸含量为 20% 以上，为同类油脂（如山茶油、橄榄油等）中最高。富含维生素 E、甾醇、角鲨烯、茶多酚等活性物质。不含芥酸等难以消化的组分，易被人体吸收。

茶叶籽油中的亚油酸为必需脂肪酸，易被人体吸收，又不易氧化沉积于体内，不会引起人体血液中胆固醇浓度的增加，且能够减少血液中低密度脂蛋白胆固醇（LDL），提高血液中高密度脂蛋白胆固醇（HD），有助于预防和治疗冠心病、高血压等心血管疾病。维生素 E 能有效清除激发态自由基，有较强的抗氧化作用。甾醇有促进皮肤新陈代谢，抑制皮肤炎症、老化及防止日晒红斑等功效。角鲨烯是一种多酚类的活性成分，富氧能力强，可抗缺氧和抗疲劳，具有提高人体免疫力及增进胃肠道吸收的功能。茶多酚是儿茶素、黄酮醇、酚酸和缩酚酸类以及其他多酚类的混合物，可竞争性地与自由基结合，终止自由基的链反应，从而预防或减轻自由基对生物体的损伤。

精炼过的茶叶籽油是优异的护肤油脂。茶叶籽油中油酸含量高达50%以上，而人体皮肤表层的脂肪酸组成也以油酸为主，根据相似相溶原理，茶叶籽油极易被人体皮肤吸收。除油酸滋润皮肤外，茶叶籽油中还含丰富的角鲨烯和维生素E等对皮肤抗衰老作用的成分，且对革兰氏阳性菌、革兰氏阴性菌和真菌有广谱的抗菌活性，能有效防止皮肤感染。

2009年卫生部批准茶叶籽油为新资源食品。

葡萄籽油

葡萄籽油是从葡萄子中制取得到的油脂。葡萄籽占葡萄总重的3%～7%，籽含油量10%～20%。制备葡萄籽油的工艺主要为：①用风力或人力筛选，使葡萄籽中不含皮渣、果渣等杂质。②用双对辊式破碎机对所有成熟的葡萄籽进行破碎。③将碎葡萄籽投入软化锅中软化。④转移到平底炒锅进行炒坯。⑤倒入压饼圈内进行压饼。⑥进一步精炼得到成品油。

葡萄籽油淡黄色或淡绿色，无味、细致、清爽不油腻，最大产地在中国。葡萄籽油属于高亚油酸型油脂，绝大多数品种的葡萄籽油中亚油酸比例达总脂肪酸的70%以上，有的甚至高达81%。亚油酸是人体必需脂肪酸，易被人体吸收，长期食用葡萄籽油可降低人体血清胆固醇，有效调节人的自主神经功能。葡萄籽油富含维生素 E，具有较强的抗氧化性，故保质期较长。由于自身性能比较稳定，除作为烹调油食品原料外，葡萄籽油还是制作高级化妆品和药品的重要原料之一。

卡诺拉油

卡诺拉油是低芥酸、低芥子苷的菜籽油。低芥酸菜籽油的一种。

卡诺拉一词主要在美洲大陆和澳大利亚使用，而菜籽主要在欧洲和其他国家使用。卡诺拉油的脂肪酸组成与传统菜籽油差别较大，其主要脂肪酸组成为：油酸（50% ～ 66%）、亚油酸（28% ～ 30%）、亚麻酸（6% ～ 14%）、棕榈酸（2.5% ～ 6%）、芥酸（< 3%）等。卡诺拉菜籽油中多不饱和脂肪酸主要分布于 Sn-2 位，使其容易形成 β 结晶。卡诺拉油中维生素 E 的含量比普通菜籽油高出一倍，因此其氧化稳定性优于菜籽油。中国、俄罗斯、澳大利亚、新西兰等国家均积极推广卡诺拉种植。

水飞蓟籽油

水飞蓟籽油是由水飞蓟籽提炼出的植物油脂。又称袋鼠油。油色金黄，无异味，酸值低，无毒性。主要成分为亚油酸、亚麻油酸和花生酸等人体必需的不饱和脂肪酸。富含多种维生素和矿物质，特别是维生素 E、锌和硒。油质良好，属天然、无污染的绿色植物油，可用作家庭烹饪用油。可与其他食用油配制成调和油使用。长期食用，可起保肝、护脏、明目的保健作用。还可用于防治动脉粥样硬化、高血压、冠心病，治疗中、轻度肺结核。

水飞蓟籽油口服生物利用率低，极大地限制了其临床疗效，因而开发生物利用率高的新型水飞蓟籽油制剂前景广阔。

2014 年水飞蓟籽油被卫生部批准为新资源食品。

棕榈油

棕榈油是以棕榈科植物油棕果实棕榈果为原料制备的植物油。

来自棕榈果肉的油脂为普通意义上的棕榈油，来自棕榈果仁的油脂则称为棕榈仁油，狭义上的棕榈油只包含前者。广义上的棕榈油包括棕榈仁油及棕榈油和棕榈仁油经过分提之后得到的不同熔点的产品，包括棕榈软脂、棕榈硬脂及棕榈仁软脂等。

棕榈油盛产于马来西亚和印度尼西亚等热带和亚热带地区，与大豆油、菜籽油并称为"世界三大植物油"，拥有超过 5000 年的食用历史。

室温下棕榈油一般呈半固态，经过分提处理之后，棕榈油中的固体脂肪与液体油脂可分开。其中的固体脂肪可用于代替昂贵的可可脂，或用作人造奶油和起酥油生产原料；液体油脂则可用于凉拌或烹饪用油，其味清淡爽口。与其他植物油相比，棕榈油中棕榈酸和油酸含量较高，且富含维生素 A 和维生素 E，故性能稳定，不易氧化酸败，特别适合用作煎炸油。工业煎炸食品，如油炸型方便面、薯片等的生产，普遍使用棕榈油。

市场上分提棕榈油，根据熔点不同主要有 58 度棕榈油、52 度棕榈油、

44 度棕榈油、33 度棕榈油和 24 度棕榈油。未经过分提的棕榈油还可用于制皂工业。

荞麦米

荞麦米是脱壳后的荞麦。

荞麦米加工工艺为：清理→原粮分级→热水浸润→脱壳→成品分级→色选→包装。

荞麦米含蛋白质 7% ～ 13%、脂肪 20% ～ 30%。荞麦米脂肪中含有 9 种脂肪酸，其中油酸和亚油酸最多。荞麦含有丰富的维生素 E、烟酸和芦丁（芸香苷）。烟酸能促进新陈代谢，增强解毒能力，还具有扩张小血管和降低血液胆固醇的作用。芦丁有降低人体血脂和胆固醇、软化血管、保护视力和预防心脑血管疾病的作用。荞麦中丰富的镁能促进人体纤维蛋白溶解，使血管扩张，抑制凝血块形成，具有抗栓塞的作用，利于降低血清胆固醇。荞麦中某些黄酮成分具有抗菌、消炎、止咳平喘、祛痰的作用。

维生素 K 营养

维生素 K 营养是人体从食物中摄取维生素 K，经过消化、吸收和代谢，以调节机体生理功能的全过程。

维生素 K（VK）又称抗出血维生素，包括 VK_1、VK_2、VK_3，是人体必需的脂溶性维生素。VK 主要在小肠上段吸收，在肾上腺、肺、骨髓、肾和淋巴结富集。

◆ **生理功能**

① VK 参与凝血酶原合成，为形成活性凝血因子 Ⅱ、凝血因子 Ⅶ、凝血因子 Ⅸ 和凝血因子 Ⅹ 所必需，促进凝血过程。②参与骨代谢，降低骨丢失及骨折发生率。③抑制血管钙化，降低冠心病发生风险。

维生素 K 的常见食物来源

◆ **食物含量**

在蔬菜中最高（单位：微克 /100 克）：菠菜、黄瓜、羽衣甘蓝均在 200 以上，花椰菜、卷心菜、生菜、莴苣等为 100 ～ 200；动物肝、燕麦、麦芽等为 39 ～ 88。肉、蛋、水果等多在 11 微克 /100 克以下。

水产品维生素

水产品维生素是水产品可食部分中含有的参与生物生长发育和代谢

所必需的一类微量有机物。

水产品维生素可分为脂溶性维生素和水溶性维生素。脂溶性维生素有维生素 A、维生素 D、维生素 E 等，水溶性维生素有维生素 B_1、维生素 B_2、泛酸、烟酸、维生素 B_6、维生素 B_{12} 和维生素 C 等。

◆ **水产品维生素 A**

水产品维生素与机体的视觉发育、生殖代谢、预防感染等有关的一类维生素。又称视黄醇。包括维生素 A_1（视黄素）和维生素 A_2（3-脱氢视黄醇）两种。前者主要存在于海水鱼肝脏中，后者主要存在于淡水鱼肝脏中，两者生理功能和性质相似。鱼类各组织中肝脏的维生素 A 含量最多，其相应的鱼肝油制品中的含量可达 1 万～ 5 万国际单位 / 克。维生素 A 可从水产动物肝脏中提取，但制备成本高。市场上的维生素 A 大都是合成品。成人对维生素 A 的日需量为 2000 国际单位 / 克，水产品中的鱼肝油和鱼卵是很好的维生素 A 来源。

◆ **水产品维生素 D**

水产品维生素 D 是一类甾醇类衍生物。也称钙化醇。在食物中主要有维生素 D_2（麦角钙化醇）和维生素 D_3（胆钙化醇），分别由麦角甾醇与 7-脱氢胆固醇经紫外线照射生成，参与机体中钙的吸收代谢，具有促进骨发育、防治佝偻病与软骨病以及免疫调节等功能。维生素 D 主要存在于海洋鱼类肝脏与肌肉中，其中含脂肪高的中上层海洋鱼类（一般为红肉鱼）高于含脂肪量少的低脂鱼，而甲壳类和软体动物中基本不含维生素 D。

◆ **水产品维生素 E**

水产品维生素 E 是一种能用于治疗肌肉萎缩与不育的脂溶性维生

素。又称生育酚、生育素与维生素戊。按结构可分为生育酚与三烯生育酚，二者又各有 α、β、γ、δ 四种形式，其中 α-生育酚活性最强。海水鱼类中 α-生育酚的含量占 90% 以上，而淡水鱼中 γ-生育酚含量最高。维生素 E 也是一种天然抗氧化剂，能有效防止脂肪氧化，保护细胞免受不饱和脂肪酸氧化产生毒性物质的伤害。维生素 E 可防止维生素 A、维生素 C、腺苷三磷酸的氧化，保证其在体内的功能，也可与硒协同清除自由基，有效提高机体的免疫能力。维生素 E 在水产品中的含量因种类不同差异较大。鱼类和贝类等软体动物肉的含量多在 0.5 ～ 1.0 毫克 /100 克，香鱼、河鳗、蝾螺、长枪乌贼、虾、蟹的总生育酚含量较高，在 1.0 ～ 4.0 毫克 /100 克。

◆ **水产品维生素 B_1**

水产品维生素 B_1 是糖类代谢中催化氧化脱羧反应的辅酶焦磷酸硫胺素的前体。又称硫胺素。鱼类肌肉中含量为 0.1 ～ 0.4 毫克 /100 克，暗色肉比普通肉含量高 5 ～ 10 倍；鱼类肝脏中的含量与暗色肉相似或略高。贝类、甲壳类和头足类中的含量与鱼肌肉中相似。

◆ **水产品维生素 B_2**

水产品维生素 B_2 是一种水溶性 B 族维生素。又称核黄素。主要用于治疗阴囊炎、口角炎、舌炎、唇炎等症状。是辅酶黄素单核苷酸（FMN）与黄素腺嘌呤二核苷酸（FAD）的前体。能促进糖、脂肪和蛋白质的代谢，具有维持皮肤、黏膜和视觉正常机能的作用。广泛存在于动植物中。维生素 B_2 在鱼类的肝脏、肾脏、卵巢等部位的含量较高，暗色肉次之，普通白色肉最低，其中肝脏和暗色肉部分的含量是普通白色肉的 5 ~ 20 倍。

◆ 水产品维生素 B_3

水产品维生素 B_3 是机体氧化还原中辅酶烟酰胺腺嘌呤二核苷酸（NAD^+，辅酶 I）与烟酰胺腺嘌呤二核苷酸磷酸（$NADP^+$，辅酶 II）的前体物质。也称烟酸。一种水溶性的 B 族维生素。包括烟酸（尼克酸）和烟酰胺（尼克酰胺）。水产品中维生素 B_3 在普通白色肉中的含量要高于肝脏组织，如鲷、海鳗、鳕、鲫及多数鱼类肌肉中的含量为 1 ~ 29 毫克 /100 克，金枪鱼、鲐、马鲛等肌肉中的含量在 9 毫克 /100 克以上。

◆ 水产品泛酸

水产品泛酸又称维生素 B_5。其主要的活性形式是辅酶 A。参与生物体新陈代谢中的各类酰化反应。泛酸在鱼类各器官中广泛存在，其含量基本在 0.2 ~ 2.0 毫克 /100 克。其中，性腺、暗色肉以及肝脏中的含量相对较高。活动量大的洄游鱼类肌肉中泛酸含量高于活动量少的底层鱼类。

◆ 水产品维生素 B_6

水产品维生素 B_6 是又称吡哆素。包括吡哆醇、吡哆醛及吡哆胺。与氨基酸代谢，神经传达物质生成有关。红肉鱼中的含量比白肉鱼高，贝类中含量少。甲壳类和头足类与鱼类可食部分的含量没有明显差异。

◆ 水产品维生素 B_{12}

水产品维生素 B_{12} 是一类含咕啉环的类咕啉化合物。也称钴胺素。参与细胞代谢、脂肪酸的合成与能量生成，也可影响核酸（DNA）的合成与调节，在维持正常造血以及神经系统功能中起到关键作用。维生

素 B_{12} 在干紫菜以及鱼肝脏中含量较高，约为 0.06 毫克 /100 克。鱼卵制品中维生素 B_{12} 的含量约为 0.05 毫克 /100 克。而在大多数鱼肌肉中的含量为 $0.001 \sim 0.01$ 毫克 /100 克，其中暗色肉的含量要高于白色肉。

◆ 水产品维生素 C

水产品维生素 C 是主要用于治疗坏血病的一种水溶性维生素。又称 L- 抗坏血酸。参与体内的氧化还原反应与多种羟化反应，还具有防止贫血、解毒、调节组胺代谢与变态反应、刺激人体免疫系统、促进肠内对铁的吸收等生理功能。维生素 C 在卵巢、脑、肾脏、脾脏、肝脏等代谢活性高的器官中含量较高，而在鱼卵中的含量因种类不同存在较大差异。鱼肌肉中基本不存在维生素 C。与鱼类相比，软体动物和甲壳类中维生素 C 的含量较少。海藻中维生素 C 含量相对较高，其中紫菜类的含量最高，可达 $35 \sim 53$ 毫克 /100 克鲜藻。

水生生物维生素利用

水生生物维生素利用是水生生物通过摄食等吸收利用维生素的过程。维生素是维持水生生物机体正常生长、发育和繁殖所必需的微量小分子有机化合物。

维生素的主要作用有：①作为辅酶参与物质代谢和能量代谢的调控。②作为生理活性物质直接参与生理活动。③作为生物体内的抗氧化剂，保护细胞和器官组织的正常结构和生理功能，如维生素 C 和维生素 E。④部分维生素作为细胞和组织的结构成分。⑤有利于提高鱼体免疫力，抵抗氨氮、亚硝酸盐等水环境因子对鱼体带来的应激，如维生素 C、维生素 E 和肌醇等。

维生素按其溶解性分为脂溶性维生素和水溶性维生素两大类。脂溶性维生素包括维生素 A、维生素 D、维生素 E、维生素 K。水溶性维生素包括维生素 B_1、维生素 B_2、维生素 B_3、维生素 B_5、维生素 B_6、维生素 B_{12}、生物素、叶酸、维生素 C、肌醇、胆碱等。除需要从外界摄取外，某些水产动物肠道微生物可以合成部分维生素，如生物素、维生素 B_{12} 和维生素 K_3 等。

由于其特有的生理代谢特点和生活环境，水产动物对部分维生素的需要量和种类存在差异，如对肌醇的需要量较高且不同种类对肌醇的需要量存在差异，如鲤科鱼 250～500 毫克/千克，鳗鱼 500 毫克/千克，虾类 200～300 毫克/千克；维生素 K 参与凝血作用，水产动物的推荐量高于陆生动物，即水产动物 2～16 毫克/千克、猪 0.5 毫克/千克（上限 10 毫克/千克），鸡 0.4～0.6 毫克/千克（上限 5 毫克/千克）（以甲萘醌计）。

当维生素的缺乏超过了动物自身的调控能力后，动物会表现出不同的缺乏症。在养殖生产中，水产动物因不同维生素缺乏除具有一些特有症状外，其缺乏症较为共性的表现主要有：①食欲不振、饲料效率和生长性能下降。②抗应激力、免疫力下降，发病率和死亡率上升。③出现贫血症状，如血细胞和血红蛋白数量减少，耐低氧能力下降。④体表色素异常、黏液减少、体表粗糙、眼球突出等。⑤体表充血、出血。⑥鱼体出现脂肪肝等。

类维生素

　　类维生素是人体内存在的同真正的维生素类在结构上有差异，但是具有和维生素类相似的生物活性物质。类维生素包括生物类黄酮、肉毒碱、辅酶 Q、肌醇、苦杏仁苷、硫辛酸、对氨基苯甲酸（PABA）、潘氨酸、牛磺酸等。这一类物质实际上并非维持人体正常功能所必需的，如果食物中不供给，不会影响健康，亦无缺乏症出现。

　　类维生素的种类有：①生物类黄酮，往往与维生素 C 相伴存在，能够增强维生素 C 的生理功能，但单独存在时并不显示一定的功能。②苦杏仁苷，杏仁核中含有一种味苦的天然物质，称为苦杏仁苷。一位美国医生曾用它来预防和治疗癌症，并命名为"维生素 B_{17}"，但没有得到公认，苦杏仁苷有较大的毒性，食用要十分小心。③左旋肉碱，曾被称为维生素 BT，最初从肉类食物中分离得到，是与脂肪代谢和生物氧化有关的一种辅酶，人体肝脏能够合成全部需要的左旋肉碱。本身没有维生素的营养功能，但和某一维生素在化学结构上有联系，在一定条件下可转化为该维生素，因此在食物中含有一定比例的维生素前体，可以代替一部分该维生素的供给。④辅酶 Q，是生物体内广泛存在的脂溶性醌类化合物，辅酶 Q 在体内呼吸链中质子移位及电子传递中起重要作用，它是细胞呼吸和细胞代谢的激活剂，也是重要的抗氧化剂和非特异性免疫增强剂。⑤肌醇，是一种小分子物质，与葡萄糖关系密切，实验证明是动物和细菌的必需营养因子，人体细胞能够合成肌醇，是一个代谢中间产物，显然不应看作 B 族维生素。⑥硫辛酸，具有许多 B 族维生素的作用，以辅酶形式参与人体的能量代谢，然而人体能够合成。

⑦牛磺酸，又称β-氨基乙磺酸，牛磺酸虽然不参与蛋白质合成，但它却与胱氨酸、半胱氨酸的代谢密切相关。人体合成牛磺酸的半胱氨酸亚硫酸羧酶（CSAD）活性较低，主要依靠摄取食物中的牛磺酸来满足机体需要。

第 3 章

营养缺乏病

营养缺乏病是指严重缺乏某种或某些营养素引起的疾病。

如维生素 B_1 缺乏引起的脚气病，维生素 C 缺乏引起的坏血病，维生素 D 和钙缺乏引起的佝偻病等。

◆ 病因

①食物营养素摄入不足：可分原发性和继发性。原发性可因一些灾难性事件如旱灾、水灾、战争等造成食物短缺和经济落后，造成食物的生产和供应不足。也可因不合理的膳食结构、不良的饮食习惯、不适当的烹饪和加工方式以及某些天然食物中的干扰物质引起营养素摄入不足。继发性的可因某些疾病所致，如食欲不振、昏迷、精神失常、神经性厌食、口腔及颌面部手术、消化道肿瘤等。②营养素吸收利用障碍：多由于某些天然食物中的干扰物质、消化系统疾病和某些药物等所致。③营养素需要量增加：多见于人体生长发育旺盛期、妊娠、哺乳等生理过程中。某些疾病，如甲状腺功能亢进、慢性阻塞性肺病、结核病及某些肿瘤患者对营养素的需要量也增加。④营养素的消耗或丢失增加：多见于某些疾病和治疗过程。

维生素缺乏是指人体特定维生素低于生理所必需的水平。维生素是维持人体代谢和健康所必需的营养素之一。维生素可分为水溶性维生素和脂溶性维生素，能以酶和辅基激活剂的形式参与人体蛋白质、激素等合的成、分解和转化。维生素缺乏对机体生长发育、新陈代谢、免疫调节等生理活动会造成负面影响。

◆ 诊断

营养缺乏病可通过膳食史、实验室检查、营养状况体格检查和治疗试验等作出诊断。①膳食史：可了解患者的饮食习惯和日常膳食摄入情况，判断能量和各种营养素摄入量是否存在不足。②实验室检查：包括生理功能检查和生化检验。前者是通过检查机体的某一生理功能变化判断营养状况，常检查的项目有暗适应能力检查、血管脆性检查等；后者是通过测定体液或组织中某些营养素含量或有关酶的活性，了解体内营养水平。由于生化和生理机能的异常变化出现在营养缺乏病体征之前，因此进行实验室检查，可早期发现营养不足或缺乏。③营养状况体格检查：包括人体测量、临床体检和营养缺乏病体征检查。人体测量的指标主要有体重、身高和皮下脂肪厚度等。临床体检主要是检查有无影响体格营养状况的其他疾病。营养缺乏病体征检查，主要是检查有无营养素缺乏病的临床体征。如果出现某种营养缺乏的症状群，可作为营养缺乏病确诊的主要依据。④治疗试验：营养缺乏病难以确诊时，可采用治疗试验。让患者接受某种营养素的补充，观察其临床症状有无好转。

◆ 治疗原则

①针对病因治疗。②营养素治疗剂量要适宜。③治疗时不能只考虑主要缺乏的营养素，而应全面从营养素之间的相互关系来考虑治疗方案。

④治疗应循序渐进。⑤应充分利用食物，配制适合于疾病特点的治疗膳食。⑥治疗一般须坚持一段时间。应以患者营养状况的全面恢复，临床与亚临床症候群消失，抵抗能力增强等客观指标为依据。

◆ **预防**

主要预防措施是调整膳食结构，养成良好的饮食习惯，及时治疗导致营养不良的相关疾病等。平衡膳食模式是预防营养不良的根本措施。可根据平衡膳食结构中的食物组成并结合个人饮食特点加以调整。纠正不良的饮食习惯是养成良好饮食习惯的前提。可对照《中国居民膳食指南（2016）》中的相关内容加以纠正。同时应积极治疗导致营养不良的相关疾病，如胃肠道疾病、结核病、肝炎病、龋齿、蛔虫病等。此外，学习营养知识，科学指导饮食行为。自我监测身高、体重等变化判断营养状况，也是预防营养不良的重要措施。

维生素 A 缺乏病

维生素 A 缺乏病是指体内维生素 A 缺乏而引起以眼、皮肤改变为主的全身性疾病。

据世界卫生组织（WHO）估计，每年有 25 万～ 50 万儿童因维生素 A 缺乏而致盲。

◆ **病因**

①摄入不足：多见于膳食中缺乏动物性和深色蔬菜以及贫困、战争和灾荒等造成食物供应不足。②吸收利用障碍：常见于慢性消化道疾病、

肝胆道阻塞疾病、过度使用矿物油作为泻药、急慢性肾炎、结核病、泌尿系统疾病等。③体内储存减少：患肝寄生虫病、肝炎和肝硬化等使肝脏维生素 A 储存减少。④需要量增加：急性或慢性消耗性疾病及各种传染病。此外，酗酒和长期使用一些药物，如消胆胺、新霉素、秋水仙素等也会造成维生素 A 缺乏。

◆ **临床表现**

①眼部：眼部症状出现最早。主要是夜盲症、干眼症和角膜软化症。夜盲症是维生素 A 缺乏的最早症状，即在暗光下看不清物体。干眼症发生在眼结膜。在角膜缘外侧、结膜中间，有时可见到银白色泡沫状白斑，初期为椭圆形，后变为三角形，不能为泪液所润湿，此斑称结膜干燥斑或比托斑（曾称比奥斑）。角膜软化症发生在维生素 A 严重缺乏时，角膜表面出现浸润性溃疡或糜烂，继之溃疡扩大，前房积脓，角膜穿孔，使虹膜、晶状体脱出，引起失明。②皮肤：上皮组织干燥，变粗和脱屑；继之发生丘疹。缺乏较重时，皮肤皱纹明显，状如鱼鳞。

◆ **诊断**

可根据维生素 A 摄入情况、眼部和皮肤的改变进行诊断。下列指标可用于早期诊断。①血清视黄醇含量：小于 0.7 微摩 / 升为不足，小于 0.35 微摩 / 升为机体视黄醇缺乏。儿童 0.70 ～ 1.02 微摩 / 升为边缘性缺乏，小于 0.7 微摩 / 升为缺乏。②暗适应时间：维生素 A 缺乏者，暗适应时间延长。③结膜印记细胞学检查：维生素 A 缺乏期间，眼结膜杯状细胞消失，上皮细胞变大且角化。

◆ **治疗**

①调整饮食：提供富含维生素 A 的动物性食物和 β-胡萝卜素含量丰富的深色蔬菜，有条件的也可以采用维生素 A 强化食品。②补充维生素 A：单纯因摄入不足而导致的维生素 A 缺乏，可根据缺乏程度给予适当剂量维生素 A。③眼部病变治疗：发生干眼病时需要防止继发感染，有角膜溃疡者需防止虹膜脱出及粘连。

◆ **预防**

注意膳食平衡，保证膳食中含有充足的维生素 A 或 β-胡萝卜素，积极治疗影响维生素 A 吸收、储存、利用与加速维生素 A 消耗的疾病。对婴幼儿、儿童、孕妇、乳母等易感人群要进行维生素 A 营养状况监测，尽早发现亚临床的缺乏者，尽早干预。在维生素 A 缺乏的高风险地区，对 6～59 月龄的婴幼儿，每 4～6 个月补充一次高剂量维生素 A。

战时维生素 A 缺乏病

战时维生素 A 缺乏病是在军事环境条件下，军人因缺乏维生素 A 所致的以眼、皮肤病变为主的病症。

维生素 A 又称视黄醇或抗干眼病因子，是一类具有视黄醇生物活性的物质。战时指战员需要高度视力集中，对维生素 A 的生理需求量增加，而战场食物中维生素 A 含量不足，因军事应激导致胃肠道对维生素 A 吸收障碍。以上因素往往造成官兵批量发生维生素 A 缺乏病。

主要症状：①眼部表现。首先出现暗适应力减退，发生夜盲，对战时指战员的夜行军、作战及指挥均会产生明显影响，严重者出现视网膜上皮脱落，形成溃疡、坏死、甚至穿孔，导致失明。②皮肤表现。皮肤干燥、鳞屑增多，继之出现毛囊丘疹，头发干燥、稀疏、脱落，指（趾）甲变脆，全身出汗减少。③黏膜表现。由于黏膜抵抗力减退可招致呼吸道、泌尿道、口腔、胃肠道及生殖器官的感染。上皮细胞脱落可诱发泌尿道或胆道结石。④免疫缺陷。可致官兵细胞免疫和体液免疫功能下降，易引起继发感染。

防治措施：①消除病因。积极治疗原发病，给予维生素 A 或胡萝卜素丰富的饮食。②药物治疗。轻症可口服浓缩鱼肝油丸或维生素 A 胶丸。如出现角膜软化症或口服不能吸收者，可肌注维生素 A 针剂。必要时加用维生素 E 以提高疗效。③眼部治疗。干眼病可用消毒鱼肝油滴眼，伴有感染时加用氯霉素滴眼液。为防虹膜出现粘连，有角膜溃疡者用阿托品散瞳。

夜 盲

夜盲是指暗适应能力降低，在昏暗环境下表现为视觉障碍、行动困难，而在明亮环境下，视力仍较好或保持正常视力的现象。夜盲是眼底疾病的常见表现之一，多与视网膜功能性或器质性病变相关。

研究认为视网膜存在两种感光细胞，即视锥细胞和视杆细胞。视锥细胞在明亮环境下司视觉和色觉，视杆细胞司暗环境下的视觉。视杆细胞中含有视紫红质，视紫红质具有高度光敏感性，由视蛋白和色原性基团即 11-顺视黄醛组成。11-顺视黄醛在光照下即转变为构象较直的全反视黄醛。全反视黄醛能引起视蛋白分子构象改变，并开始和视蛋白部分分离，以后又在酶的作用下继续分离，直至分解成为两个分子。分解后的全反视黄醛不能直接和视蛋白结合成视紫红质，但它可在维生素 A 酶的作用下还原成维生素 A，通常也是全反型的，贮存在色素上皮细胞内，然后进入视杆细胞，再氧化成 11- 顺视黄醛，参与视紫红质的合成、补充及保证分解反应继续进行。合成视紫红质的第一步是全反视黄醛变成 11- 顺视黄醛。这一步是在暗处，在酶的作用下完成的，是一种耗能反应，其反应的平衡点决定于光照强度。第二步是 11- 顺视黄醛生成后和视蛋白合成视紫红质。这一步不耗能，可以很快完成。维生素 A 与视黄醛之间的转化虽是可逆的，但由于一部分视黄醛在反应过程中已被消耗，故必须依赖血液中维生素 A 的供应；此外，由于视杆细胞无法单独完成 11- 顺视黄醛的再合成，必须借助视网膜色素细胞的功能。可见，要使视杆细胞中视色素的光化学代谢过程顺利进行，至少需要三个条件——足量的维生素 A 供应，健全的视杆细胞功能，健全的视网膜色素细胞功能。缺乏其中任何一个条件均会导致视紫红质的合成受阻，轻者表现为重新合成的过程延长，重者表现为合成不足或无法合成，临床上表现为暗适应时间延长乃至各种程度的夜盲现象。

夜盲的类型多而复杂，但大体上可分为先天性和后天性，静止性和进行性，还有完全性和不完全性等类型。

先天性静止性夜盲是一种先天性遗传眼病，为常染色体显性遗传或隐性遗传，已有多个致病基因被确定。除了夜盲外，患者视力、视野多无异常,眼底检查可无异常、亦可见异常表现。病因为视杆细胞的视紫红质合成功能障碍。暂无特殊治疗手段,基因治疗是未来治疗方向。

先天性进行性夜盲常与其他遗传性视网膜病变并发,如原发性视网膜色素变性、白点状眼底等。患者除了夜盲外,视力、视野及眼底检查均有改变,且呈现进行性发展表现。传统治疗手段常常无效,干细胞及基因治疗是未来治疗的方向。

后天性夜盲症与遗传无关,常见于全身疾病,如维生素 A 缺乏病、肝硬化、甲亢;药物中毒、眼底疾病(如视网膜脉络膜萎缩性病变、视神经萎缩等)亦可引起。可针对不同病因采用不同的治疗方案。

干眼症

干眼症是任何原因造成的泪液质或量异常或动力学异常,导致泪膜稳定性下降,并伴有眼部不适和(或)眼表组织病变特征的多种疾病的总称。

主要分为以下几类。①水液缺乏型。水液层泪腺泪液分泌不足。②脂质缺乏型。睑板腺功能不良,泪液脂质分泌不足。③黏蛋白缺乏型。睑板腺功能不良,泪液黏蛋白分泌不足。④泪液动力学异常型。由泪液的动力学异常引起,包括异常泪液排出延缓、结膜松弛引起的眼表炎症等。⑤混合型。由以上两种或两种以上原因引起。

发病机制尚不完全清楚,可能与眼结膜和泪腺的免疫性炎症密切相关,还可能与患者年龄、激素水平、长时间电脑工作、长时间驾车、长时间在空调房间工作等诱因有关。

干眼症的治疗主要有以下两途径：①清除睑板腺阻塞的分泌物并按摩睑板腺，改善睑板腺功能。②药物补充泪液的水液、脂质及黏蛋白成分，重建泪膜并改善泪膜稳定性。

角膜软化症

角膜软化症是指人体缺乏维生素 A 引起角膜、结膜上皮干燥变性等症状，后期引发广泛的角膜组织坏死、软化、溃疡乃至穿孔，引起全眼球炎，最终导致双目失明的病症。

角膜软化症发生的主要原因分为以下几类。①营养摄入量不足。对某种食物的偏好、不良的节食习惯或烹调方法不当，导致维生素 A 摄入量不足。②吸收不良。常见原因为慢性腹泻。脂肪摄入量不足也可导致维生素 A 的吸收受阻。小肠内胆汁与脂肪的存在与维生素 A 的吸收有密切关系，使胆汁的生成与排出受到阻凝的物质，均可影响维生素 A 的吸收。③肝脏疾患。肝脏为储存维生素 A 的主要器官，患肝炎或肝硬化病时肝功能降低，影响人体维生素 A 含量。④消耗量增加。患病时维生素消耗量增加，儿童生长期维生素消耗量也高于一般成人，如无足够补充，可能导致维生素 A 缺乏。

主要预防方法为改善膳食营养情况，提高维生素 A 摄入量；如发现有肝脏疾病、传染病或消化不良等时应给予治疗并补充适量维生素 A；有饮食偏好的应及时予以纠正。

治疗可分为全身治疗和局部治疗。①全身治疗。大量食用鱼肝油、猪肝等，以补充维生素 A。②局部治疗。使用鱼肝油眼滴、1% 阿托品液进行局部治疗，角膜已面临穿孔软化时用眼垫包扎，以防穿孔及晶体脱出。

慢性维生素 A 中毒症

慢性维生素 A 中毒症是指人体摄入过量的维生素 A 而引起的中毒综合征。

慢性维生素 A 中毒症早期表现为烦躁、食欲减退、低热、多汗、脱发等，后有典型的骨痛症状，呈转移性疼痛，可伴有软组织肿胀，有压痛点而无红、热征象，以长骨及四肢骨多见，由于长骨受累骨骺包埋，可导致身材矮小。部分病例有颞部、枕后部肿痛，可误诊为颅骨软化症。颅内压增高症状如头痛、呕吐、前囟宽而隆起、颅骨缝分离、两眼内斜视、眼球震颤、复视等为此病的另一特征，但较急性型少见。另有皮肤瘙痒、脱屑、皮疹、口唇皲裂、毛发枯干、肝脾肿大、腹痛、肌痛、出血、肾脏病变、再生低下性贫血伴白细胞减少等。血清碱性磷酸酶多有增高。

服用浓缩鱼肝油或维生素 A 制剂时勿超过需要量；必须大剂量服用时应严格限制用药时间。成人和儿童预后佳。停服维生素 A 后自觉症状常在 1 ~ 2 周消失，血清维生素 A 可于数月内维持较高水平。头颅 X 线征象可在 6 周 ~ 2 个月恢复正常，但长骨 X 线征象恢复较慢，常需半年左右，故应在数月内不再服维生素 A，以免症状复发。

维生素 B$_1$ 缺乏病

由维生素 B$_1$ 缺乏引起的营养缺乏病。临床以神经系统、心血管系统及消化系统功能异常为其特点。又称脚气病。

◆ 病因

①摄入不足：长期食用加工精细的米和面；不当的烹调方法，如煮稀饭为了黏稠和松软而加碱，淘洗米时反复多次搓洗，做饭时弃去米汤；偏食、酗酒等均可造成摄入不足。②吸收利用障碍：慢性腹泻以及胃肠道炎症，如肠结核、肠梗阻，或经常使用泻药等，可影响吸收；肝、肾等疾病可影响焦磷酸硫胺素的（TPP）的合成，造成利用障碍。③需要量增加：妇女妊娠、哺乳、儿童生长发育、成人剧烈活动等可引起生理性需要量增加；代谢增加的疾病，如甲状腺功能亢进、长期发热及其他慢性消耗性疾病等也可引起维生素 B$_1$ 需要量增加。

◆ 临床表现

根据年龄差异，临床上分为成人和婴儿脚气病。

成人脚气病

分为干性、湿性和混合性脚气病。①干性脚气病：以多发性神经炎症状为主。表现为上升性对称性周围神经炎。起病以下肢多见，少数可先累及上肢。肌力下降，上下楼梯有困难。当疾病发展相继累及腿部及上肢伸肌及屈肌时，可发生手足下垂。胃肠蠕动减弱，出现便秘，消化液分泌减少，食欲降低，消化不良。②湿性脚气病：以心血管障碍的症状为主。常见的先驱症状有运动后心悸、气促、心前区胀闷作痛、心动过速及水肿，如不及时治疗，在短期内水肿迅速增加、气促增剧、发生心力衰竭。③混合型脚气病：特征是既有神经炎又有心力衰竭和水肿。

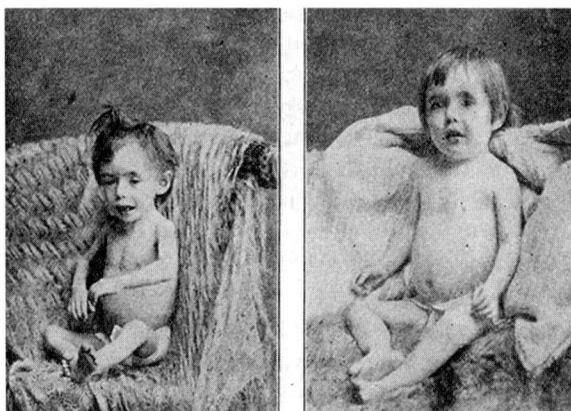

婴儿脚气病患儿（左）与其经过 11 周治疗后的对比照片

婴儿脚气病

常发生在 2～5 月龄的婴儿。病情急，发病突然。早期可有面色苍白、急躁、哭闹不安和浮肿。严重时，可出现嗜睡、呆视、眼睑下垂、声音微弱、惊厥、心力衰竭等，甚至死亡。

◆ 诊断

依据营养缺乏史、临床表现和实验室检查进行诊断。治疗实验可帮助确诊。营养缺乏史主要了解患者居住地区是否长期以稻米为主食，稻米加工精度，有无偏食以及有无与维生素 B_1 吸收和利用障碍相关的疾病以及对维生素 B_1 需要增加的因素。临床表现是检查有无周围神经炎的表现、腓肠肌压痛、肌肉萎缩、感觉异常、足垂、膝反射异常等；有无进行性上升性水肿，心界扩大，心率增加等。实验室检查常用指标是 4 小时尿负荷实验，红细胞转酮醇酶焦磷酸硫胺素效应（ETKTPP 效应）百分率测定等。维生素 B_1 缺乏时，4 小时尿排出量 < 100 微克。ETKTPP 效应百分率正常值为 ≤ 15，维生素 B_1 缺乏时 ≥ 25。

◆ **治疗**

一般患者，除改善饮食营养外，口服维生素 B_1 片剂。可加用干酵母片及其他 B 族维生素。重症患者可注射大剂量维生素 B_1，病情缓解后，改为口服，直至患者完全康复。婴儿患者需立即治疗，开始时可肌内注射维生素 B_1，其后改为口服；同时对乳母给予维生素 B_1 补充，可口服或肌内注射。在给予维生素 B_1 治疗的同时，应及时治疗影响维生素 B_1 吸收和利用的疾病。

◆ **预防**

调整饮食结构，增加全谷类食物摄入。改善烹调方法，如淘洗米时，尽量少搓少洗；煮稀饭时不加碱，不弃米汤和菜汤等。对维生素 B_1 需要增加的人，应及时增加维生素 B_1 的供应等。

战时脚气病

战时脚气病是在军事环境条件下，指战员因维生素 B_1 长期摄入不足或吸收不良而引起的以糖代谢障碍为主的病症。实际上此病主要是神经系统和循环系统功能的损害。

战时脚气病发生的原因是长期食物中缺乏维生素 B_1，长期主食单一，副食偏少，尤其是海上长航或驻岛官兵表现更为突出。第二次世界大战时，在远东各地的日军战俘曾大量发生脚气病。抗美援朝战争期间，中国人民志愿军脚气病的发病率曾达到 12.9%。在同样饮食条件下，从事重度军事作业者以及青年官兵因代谢旺盛，维生素 B_1 需要量大，更易发病。

临床表现：早期症状为疲乏、下肢沉重、足部及小腿皮肤有片状感觉迟钝区、小腿肌肉酸痛，并可有头痛、失眠、食欲减退等全身性症状。病情继续发展则可出现四肢肌力逐渐减退，不耐长途奔袭；心悸、气短，严重者可有紫绀、呼吸困难；肢体水肿浮肿，首先见于踝部，逐渐延及膝部、大腿以至全身，重者并可出现胸腔、腹腔与心包积液；多伴有腹胀、纳差、便秘。

防治措施：预防本病主要依靠饮食卫生，推广吃糙米粗面，调剂食品种类，改变烹调方法。必要时服用酵母片与维生素 B_1 制剂。轻症患者只需口服硫胺素即可。肠道吸收不良者，可以肌注。对于急性心衰的暴发型患者，则须静脉给药。水肿明显者加用利尿药。

科萨科夫综合征

科萨科夫综合征是由于酒精滥用导致维生素 B_1（硫胺素）缺乏而引起的以神经精神障碍为特点的一组临床表现。

临床特点

①严重的记忆障碍。表现为顺行性遗忘症和逆行性遗忘症。由于近记忆障碍严重，患者常出现时间、地点和定向力障碍，但患者的远记忆相对完整，认知功能正常，患者常常不承认自己出现记忆障碍。②智力

障碍。表现为行为和情感的迟钝。③虚构和错构。常常是患者最早表现出的症状，患者常用以前发生过的事或编造情节来填补记忆空白。④患者还表现为感觉与运动失调、表情欣快等症状。

病理变化

常发现脑萎缩（乳头体、中脑导水管周围灰质、第三脑室的侧壁、第四室底壁、小脑和额叶），同时也发现间脑结构的萎缩（丘脑、下丘脑、乳头体和颞叶内侧）。这些结构的萎缩可能与该病的特征性临床症状，即遗忘相关。

◆ 治疗

由于该病的发生与维生素 B_1 的缺乏有关，所以及时补充所缺乏的维生素是必要的。常以 500 毫克维生素 B_1 盐酸盐快速静点。若患者症状明显缓解，可改为肌肉注射或口服 250 毫克维生素 B_1 盐酸盐 3～5 天，并辅以多种维生素。若患者并无缓解，应及时停药。此病的预后欠佳，仅有少部分患者好转。该病常伴有末梢神经炎，该病合并韦尼克脑病时称韦尼克科萨科夫综合征，常是该病的慢性期。由于该病表现为严重的记忆障碍和智力障碍，所以对患者的护理至关重要。引导患者参加娱乐活动，关心患者衣食住行，改变患者的不良生活习惯是必不可少的。

营养性球后视神经病

营养性球后视神经病是一种因营养物质缺乏所引起的球后视神经炎。

◆ 病因

多起因于长时期的营养不良或过度吸烟、酗酒所致。又称营养不良性弱视。多见于慢性嗜酒、吸烟的人群，因而有人归因于烟草或乙醇的慢性中毒性损害。经过世界卫生组织（WHO）专家组的调查后，认为与营养不良因素以及吸入烟草或雪茄过多有关。

◆ 病理

本病的病理改变，主要集中在视盘黄斑束的有髓纤维变性和视网膜神经节细胞的脱失等。

◆ 临床表现

表现为不同程度的弱视，有些同时出现中心性暗点，对有色物体似乎比白色物体的暗点更大。眼底检查可见视盘颞侧较淡，但也有人完全正常。此时如果未能及时治疗，则可导致双侧视神经萎缩。如及时补充维生素 B_1，视力可以迅速好转甚至恢复到正常。临床中大部分患者为慢性酒癖的患者，另一些病例则见于严重吸烟者，但有人认为烟草引起的视神经病损可能是一种中毒性神经炎，是由于烟草中的氰化物引起了继发性维生素 B_1 的缺乏所致。

◆ 治疗

除了补充大量的维生素 B_1 以外，还需要补充维生素 B_2、烟酰胺和维生素 B_{12}。如 20 世纪 90 年代在古巴发生的流行病例，绝大多数在应用 B 族维生素治疗以后而逐渐好转或恢复正常的视力。

韦尼克脑病

韦尼克脑病是硫胺素缺乏所引起的中枢神经系统急症。在中国，韦尼克脑病发病年龄多为 30 ～ 70 岁，平均 42.9 岁，男性稍多于女性。通常起病隐匿，发病表现为眼肌麻痹、躯干性共济失调和遗忘性精神症状。眼肌麻痹最常见的是双侧外展神经麻痹和复视。其他表现有水平性、垂直性眼球震颤，外直肌麻痹，眼睑下垂，同向凝视障碍，会聚障碍，视神经乳头水肿，视网膜出血等。躯干性共济失调以躯干和下肢为主，主要影响步态和站立姿势，患者站立、行走困难，上肢较少受累。遗忘性精神症状是一种不能记忆新事物的脑功能混乱状态，急性期可能言语增多，也可能以反应迟钝和紧张为最早的表现，并且可能是韦尼克脑病的唯一临床特点。后期可有主动动作减少，本体位置觉、空间定向能力的损害以及注意力分散，甚至嗜睡、昏迷及死亡等。部分患者可发生多发性周围神经炎、前庭功能受损、直立性低血压、心动过速、心衰、皮肤营养改变或肝病等。患者可出现上述症状中的两个或 3 个，多表现为缺乏典型临床表现的亚临床脑病形式，有时即便有典型症状，也容易被忽视，仅有 10.0% ～ 16.5% 患者表现出特征性三联征。

韦病因为硫胺素（即维生素 B_1）缺乏。硫胺素缺乏的原因包括孕妇呕吐、营养不良、神经性厌食、肝病、胃全部切除、恶性肿瘤、恶性贫血、慢性腹泻、长期肾透析、非肠道营养缺乏硫胺素等。动物实验表明，慢性酒精中毒可导致营养不良，主要是硫胺素缺乏，后者又可加重慢性酒精中毒。

诊断依据主要包括维生素 B_1 缺乏营养障碍史、典型或不典型的"三联征"、血和尿中检出维生素 B_1 浓度低于正常、血细胞的转酮醇酶活力减低等。脑电图检查示弥漫性慢波或正常。脑脊液蛋白轻度增高，血中丙酮酸含量明显增高，头颅磁共振成像（MRI）显示第三脑室、四叠体、乳头体、第四脑室基底部及导水管周围 T2 加权像高信号均可协助诊断。MRI 对韦尼克脑病的检出率为 53%，特异性为 93%。

治疗应迅速静脉注射或肌肉注射硫胺素，每日 1 次，至少持续 3 ～ 5日。同时需每月予以静脉注射镁离子以协助机体吸收硫胺素。予以补液及补充复合维生素，如有电解质紊乱（如钾异常），需要纠正。严重患者需住院治疗。

维生素 B_2 缺乏病

维生素 B_2 缺乏病是由维生素 B_2 缺乏引起的营养缺乏病。临床表现多样，主要以口腔和阴囊的皮肤黏膜病变为主要特征。

◆ 病因

①摄入不足：常见于膳食组成中缺乏动物性食物或有偏食习惯等。②吸收利用障碍：各种慢性胃肠疾病如痢疾、慢性溃疡、慢性肠炎、反复呕吐或腹泻等均可影响维生素 B_2 的吸收。嗜酒者也可引起维生素 B_2 吸收利用障碍。③需要量增加或消耗过多：妊娠、哺乳、寒冷、体力劳动、精神紧张等情况下，机体维生素 B_2 的需要量增加；某些疾病，如高热、肺炎等，可因代谢加速引起维生素 B_2 的消耗增加。此外，某

些药物，如治疗精神病药物的氯普马嗪、癌症化疗药物阿霉素和抗疟药阿的平等均能抑制维生素 B_2 转化为其有活性的辅酶衍生物而干扰维生素 B_2 的利用。

◆ **临床表现**

突出的临床表现是阴囊皮炎，其次为舌炎。唇炎和口角炎不具特异性。另外，还有皮肤及眼部症状。

阴囊皮炎

常见红斑型、丘疹型和白色丘疹银屑型三种类型。①红斑型：主要表现是红斑呈对称性地分布在阴囊缝两侧，表面粗糙，覆盖灰色或棕褐色薄痂。②丘疹型：皮炎开始时，可见阴囊一侧有散在、黄豆大小的丘疹，高出皮面，扁平形，其上覆棕褐色薄痂，以后增多扩大，密集对称分布于阴囊缝两侧，融合成片，多在阴囊根处。③白色丘疹银屑型：少见，但很典型，在阴囊前一大片瓜子大小扁平丘疹融合而成，呈银白色，抓挠有银白色鳞屑脱落。上述三型阴囊皮炎患者均自觉痒，抓破后可有脓疮出现。

舌炎

初为舌色紫红，舌裂、舌乳头肥大；继而有不规则的侵蚀，常见于两侧舌缘；典型者可见舌中央呈红斑或红紫相间呈地图样改变；舌有疼痛及烧灼感，进食刺激性食物为甚，若累及咽部黏膜，则有咽痛。

唇炎及口角炎

病初唇黏膜水肿，皲裂及直纹增加，严重时可有唇黏膜萎缩。口角湿白、开裂、出血结痂等。

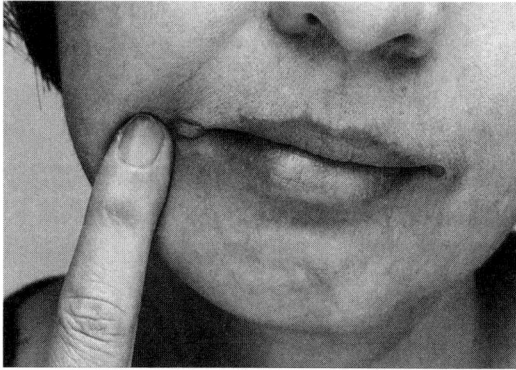

口角炎

脂溢性皮炎

多发于皮脂腺分泌旺盛处，如鼻唇沟、鼻翼两侧、脸颊、眉间、胸部及身体皱褶处。初期皮脂增多，皮肤有轻度红斑，上盖脂状黄色鳞片，之后有丝状赘疣或裂纹发生。

眼部症状

自觉视力模糊、羞明、流泪、视力疲劳。可有球结膜充血、角膜周围血管形成并侵入角膜。角膜与结膜相连处，时有水疱发生。严重缺乏时，角膜下部溃疡，眼睑边缘糜烂、角膜混浊等。此外，维生素 B_2 缺乏还可影响生长发育。妊娠期缺乏可致胎儿骨骼畸形。干扰铁的吸收、贮存与动员，严重缺乏可造成缺铁性贫血。

◆ 诊断

维生素 B_2 缺乏的临床症状多为非特异性，常可遇到与其他原因引起的相似症状，所以须结合实验室检查进行诊断，必要时可进行治疗试验。实验室检查常用指标是维生素 B_2 负荷实验和全血谷胱甘肽还原酶活力系数（BGRAC）测定。负荷实验方法是清晨排出第一次尿后，口服 5 毫克维生素 B_2 后，收集 4 小时尿液测定维生素 B_2 的排出量，如果排出量 ≤ 1.33 微摩（≤ 500 微克）为缺乏。全血谷胱甘肽还原酶活力系数可作为人体维生素 B_2 缺乏的特异诊断方法。当人体缺乏维生素 B_2 时，BGRAC ≥ 1.5。

◆ 治疗

一般口服维生素 B_2 片剂治疗，同时口服复合维生素。见效缓慢者可肌内注射维生素 B_2。阴囊皮炎可视具体情况对症处理。口腔症状严重者，与烟酸合用。

◆ 预防

选择含维生素 B_2 丰富的食品，如奶类、蛋类、各种肉类、内脏等。注意食品储存和烹调方法，防止维生素 B_2 破坏。进行营养知识教育，纠正偏食。可应用强化食品进行人群预防。

战时维生素 B_2 缺乏病

战时维生素 B_2 缺乏病是在军事环境中，军人因维生素 B_2 缺乏导致的皮肤和黏膜损害为主的病症。维生素 B_2 又称核黄素，主要来源于酵母、肝、肾、肉类及乳类。核黄素缺乏病是部队常见病，在战时由于饮食中供给不足，机体需要量增加。战时卫生条件差，易发生胃肠炎、痢疾、腹泻而导致维生素 B_2 吸收、利用障碍。尤其是在高原、高寒及沙漠地区作战时食物供应困难，更易发病。

临床表现：最常见的是口腔和阴囊的病变，即口腔生殖器综合征。①口腔表现。口腔是核黄素缺乏最早受损害的部位，主要表现为口角炎、唇炎和舌炎。②阴囊表现。轻者仅表现为潮红和瘙痒，重者痒痛加剧，尤以夜间为甚，往往影响睡眠，削弱战斗力。如有渗液、糜烂和结痂，则行走不便。③脂溢性皮炎。多发生在皮脂腺分泌旺盛之处，如鼻唇沟、下颌、两眉间、眼外眦和耳后等。④眼部表现。常有球结膜充血、角膜炎、角膜溃疡、视觉模糊及视力易疲劳等。⑤发生战伤、烧伤或外科手术时，核黄素缺乏将影响伤口愈合。

防治措施：①预防。因地制宜，合理饮食及烹调，战时配给适当的鱼肉罐头食品以补充核黄素，战前注射长效核黄素油混悬液，可防病3个月。②治疗。服用核黄素片或同时服用复合维生素B片。阴囊炎干燥型可涂以保护性软膏，有渗液者可用硼酸液湿敷。

口腔生殖器综合征

口腔生殖器综合征是人体缺乏维生素 B_2 引起的表现为口腔及生殖器处炎症反应的疾病。又称维生素 B_2 缺乏症、核黄素缺乏症。口腔生殖器综合征的临床表现分为以下3种。①阴囊皮炎。根据皮损形态又可分为红斑型、湿疹型和丘疹型。红斑型约占阴囊皮炎的2/3，表现为边界清楚的红斑，多对称分布于两侧阴囊，每侧 $1 \sim 2$ 片，大小不定，红斑发亮，有黏着性灰白色鳞屑、痂皮，无浸润，无皱纹加深，硬度与周围皮肤无差异；湿疹型主要表现为皮损干燥、脱屑、结痂并有浸润、肥厚、纹深、糜烂、渗液；丘疹型（个别病例可见）散布或密集成群的绿豆至黄豆般的大丘疹，上覆发亮鳞屑。②口角炎。表现为两侧或单侧口角轻度浸渍、发白、张口时稍疼痛。③舌炎。仅见轻度舌背潮红，未见舌乳头肥厚及舌背剥脱，进食时有轻度疼痛感。④唇炎。症状最轻微，主要表现为唇干燥、剥脱。

由维生素 B_2 缺乏引起。治疗方式有以下两种。①饮食调整。多食用富含维生素 B_2 的食物，改进饮食结构。②补充维生素 B_2。通过服用维生素 B_2 进行治疗。

眼角炎

眼角炎是指眦角型睑缘炎，维生素 B_2 缺乏症的表现之一。眼角炎主要病变在外眦部，主要症状为痒和灼烧感，表现为内外眦眼睑充血、浸润或糜烂。导致眼角炎的因素除了维生素 B_2 缺乏外，还有慢性结膜炎、屈光不正、风尘或刺激性气体的长期刺激，或不良卫生习惯。

平时可进食维生素 B_2 含量多的食物来预防，如动物的内脏、肌肉、蛋类、奶类、杏仁、蘑菇、麦麸、大豆等。一旦发生眼角炎，可用生理盐水或 3% 硼酸水清洗痂皮或鳞屑，涂消炎眼膏（如金霉素眼膏），每日 3 ～ 4 次，或使用 0.5% 硫酸锌眼药水。

腮腺肿大

腮腺肿大是指人口腔腮腺肿胀变大的症状。腮腺肿大是一个症状，有很多原因能引起腮腺肿大。能引起腮腺肿大的疾病有：①化脓性腮腺炎。常为一侧性，局部红肿压痛明显，晚期有波动感，挤压时有脓液自腮腺管流出，血象中白细胞总数和中性粒细胞明显增高。②颈部及耳前淋巴结炎。肿大不以耳垂为中心，局限于颈部或耳前区，为核状体，较坚硬，边缘清楚，压痛明显，表浅者活动。可发现与颈部或耳前区淋巴结相关的组织有炎症，如咽峡炎、耳部疮疖等，白细胞总数及中性粒细胞增高。③症状性腮腺肿大。在糖尿病、营养不良、慢性肝病中，或应用某些药物如碘化物、羟基保泰松、异丙肾上腺素等可引起腮腺肿大，为对称性，无肿痛感，触之较软，组织检查主要为脂肪变性。④其他病毒所引起的腮腺炎。已知 1、3 型副流感病毒、甲型流感病毒、A 型柯萨奇病毒、单纯疱疹病毒、淋巴脉络膜丛脑膜炎病毒、巨细胞病毒均可引起腮腺肿大和中枢神经系统症状，需作病原学诊断。

在食品中，腮腺肿大可能与维生素 B_2 缺乏症有关。维生素 B_2 是人体重要的营养素，在能量代谢中起关键作用，是多种氧化还原酶及递氢体的酶辅基参与递氢作用。维生素 B_2 缺乏可导致腮腺肿大。引起腮腺肿大的其他原因还有化脓性腮腺炎、病毒性腮腺炎、过敏性腮腺炎等。

舌 炎

舌炎是指舌发生的慢性、非特异性炎症。表现为舌头红、肿、热、痛，是维生素 B_2 缺乏症的表现之一。根据症状可分为游走性舌炎、沟纹舌、正中菱形舌炎、毛舌等。①游走性舌炎。又称地图舌，表现为舌乳头呈片状剥脱，形似地图。患者一般无自觉症状。②沟纹舌。又称裂纹舌，表现为舌背不同形态不同方向排列的裂纹。③正中菱形舌炎。损害区通常位于舌背正中后三分之一处，形似菱形或圆形、椭圆形，炎症区直径一般一厘米左右，前后径大于左右径，颜色微红，与周围组织有明显的界限，基底部较软。④毛舌。因舌背上丝状乳头的角化上皮延缓脱落，增生的丝状乳头形成绒毛状而得名。若染色或感染真菌可形成红毛舌、黑毛舌。一般无症状，毛过长时可产生痒感或恶心。

多见于营养不良、维生素缺乏、内分泌失调、月经周期影响、贫血及真菌感染、滥用抗生素等全身因素。局部因素常见锐利牙尖、牙结石、不良修复体及进食刺激性食物等。

首先应保持口腔卫生，去除口腔内的不良刺激因素。治疗应针对不同的个体情况，口服 B 族维生素（特别是维生素 B_2），并改善全身疾病。合理使用抗生素，避免抗生素滥用。

叶酸缺乏病

叶酸缺乏病是因叶酸摄入不足或吸收利用障碍引起的，以巨幼红细胞性贫血、胎儿宫内发育迟缓、胎儿神经管畸形等为特征的营养缺乏病。

◆ 病因

①摄入不足：常见于偏食，挑食或喂养不当。食物烹煮时间过长或重复加热也可使叶酸破坏引起摄入不足。②吸收不良：影响空肠黏膜吸收的疾病如短肠综合征、热带性腹泻，某些药物如抗惊厥药、巴比妥类、口服避孕药、环丝氨酸等均可影响叶酸的吸收。③利用障碍：某些化疗药如氨甲蝶呤、利尿药如氨苯蝶啶等可抑制二氢叶酸还原酶活性，使二氢叶酸不能转化成具有生物活性的四氢叶酸，维生素 B_{12} 缺乏可减少叶酸在细胞中存留影响叶酸的利用等。④需要量增加：妊娠、

乳母、婴幼儿、感染、发热、甲状腺功能亢进、白血病、溶血性贫血、肿瘤和血液透析等均可使叶酸需要量增高。特别是妊娠前期，叶酸需要量可成倍增加。

◆ **临床表现**

①巨幼红细胞贫血。②孕妇可出现先兆子痫、胎盘早剥、自发性流产等。③胎儿可出现宫内发育迟缓、早产、低出生体重、胎儿神经管畸形等。神经管畸形包括脊柱裂和无脑等中枢神经系统发育异常。脊柱裂患儿虽可存活，但成为终身残疾。无脑畸形一般于出生前或出生后短时间内死亡。④高同型半胱氨酸血症和心血管疾病：部分人群可见血液中的同型半胱氨酸浓度升高。同型半胱氨酸对血管内皮细胞产生损害，并可激活血小板的黏附和聚集，成为心血管病的危险因素。

◆ **诊断**

根据临床表现及实验室检查即可确诊。实验室检查指标包括血象、骨髓象、血清和红细胞叶酸含量及血浆同型半胱氨酸测定等。①血象：往往呈现全血细胞、中性粒细胞及血小板减少；中性粒细胞分叶过多，偶可见到巨大血小板。网织红细胞计数正常。②骨髓：增生活跃，红系细胞增生明显增多，各系细胞均有巨幼变，以红系细胞最为显著。红系各阶段细胞均较正常大，胞质比胞核发育成熟，核染色质呈分散的颗粒状浓缩。③血清叶酸含量：叶酸缺乏病时，其含量小于 6.8 纳摩 / 升（正常范围为 11.3 ～ 36.3 纳摩 / 升）。④红细胞叶酸含量：反映体内叶酸储存情况，缺乏时小于 318 纳摩 / 升。⑤血清高半胱氨酸水平：高于 16

微摩 / 升，提示叶酸缺乏。

◆ 治疗

出现贫血时，可口服叶酸制剂，贫血纠正后可减小剂量。在补充叶酸的同时应去除病因，进食含叶酸丰富的食物。

◆ 预防

纠正偏食及不合理的烹调习惯。提倡母乳喂养，及时添加辅食。多食含叶酸丰富的食物，如肉类，肝，肾，酵母，蘑菇，新鲜蔬菜，豆类和水果等。孕妇应自妊娠前 1 个月开始补充叶酸，直至孕早期 3 个月，可预防胎儿神经管畸形。

叶酸缺乏性贫血

叶酸缺乏性贫血是由于叶酸摄入不足或吸收不良引起的以巨幼细胞性血红蛋白低于正常值为特征的临床综合征。

◆ 病因

摄入不足

偏食，食物中缺少新鲜蔬菜、过度烹煮或腌制均可使叶酸丢失。

需要增加

妊娠和哺乳期妇女、生长发育的儿童及肿瘤、慢性感染等消耗性疾病的患者，叶酸的需要量增加。

利用障碍

药物如甲氨蝶呤、氨苯蝶啶、乙胺嘧啶能抑制二氢叶酸还原酶的作用，影响四氢叶酸的生成。另外一些先天性酶缺陷也会影响叶酸的利用。

药物作用

长期服广谱抗生素者，因结肠内细菌部分被清除，可抑制叶酸还原酶，从而阻止叶酸转变为四氢叶酸，因而致病。此外，长期服用某些抗癫痫药（如苯妥英钠、扑米酮、苯巴比妥）可导致叶酸缺乏，其机制可能是抗癫痫药引起叶酸吸收障碍或药物置换了运输叶酸的载体。

◆ 发病机制

叶酸由蝶呤、对氨基苯甲酸及食物中谷氨酸结合而成，富含于绿色蔬菜中，动物肝脏、酵母、黄豆及蛋白中含量也较多，由肠道黏膜细胞吸收，在肝脏中有少量储存。叶酸在体内转变成四氢叶酸，参与一碳集团代谢，为嘌呤、嘧啶、胆碱、肌酸等合成的必需成分，机体内缺乏叶酸影响核酸，尤其是脱氧核糖核酸（DNA）的合成，影响红细胞的生成，而发生巨幼红细胞性贫血。人的肠道细菌能形成叶酸，一般情况不宜发生叶酸缺乏症，但当肠道吸收不良，代谢失衡或组织需要量增加，以及长期服用肠道抑菌药物（磺胺类）等时均可引起叶酸缺乏症。

叶酸参与许多重要物质的合成，如血红蛋白、肾上腺素、氨基酸代谢、胆碱、肌酸等。同时叶酸是同型半胱氨酸代谢过程中重要的辅助因子，饮食中叶酸缺乏、一碳单位代谢障碍等原因均可导致同型半胱氨酸循环受阻，不能正常代谢，引起同型半胱氨酸堆积，产生高同型半胱氨酸血症，是发生精神病的独立危险因素，并对脑细胞有毒性作用，增加大脑萎缩的风险。

◆ **临床表现**

贫血

起病隐伏，除贫血的症状如乏力、头晕、活动后气短、心悸外，严重贫血者可有轻度黄疸。

消化系统症状

反复发作的舌炎，舌乳头萎缩，食欲不振、腹胀、腹泻或便秘。

神经系统症状

叶酸缺乏患者有易怒、妄想等精神症状。

◆ **诊断**

根据营养史，临床表现，结合特征性血象、骨髓象及血清和红细胞叶酸水平测定可做出诊断。

具备上述生化检查1项者，可能同时具有临床表现1和2项者，诊断为叶酸缺乏。叶酸缺乏的患者，如有临床表现的1、2项，加上实验室检查1及3（或2）项者，则诊断为叶酸缺乏性贫血。

◆ **治疗**

治疗措施包括：①治疗基础疾病，去除病因。②补充叶酸。口服叶酸5～10毫升，3次/天，直至血红蛋白恢复正常。若无原发病，一般不需维持治疗。如同时有维生素 B_{12} 缺乏，则同时注射维生素 B_{12}。

注：膳食叶酸当量 =[膳食叶酸微克 ＋（1.7× 叶酸补充剂微克)]。

◆ **预防**

纠正偏食及不良的烹调习惯。服用影响叶酸吸收利用的药物时应及时补充。对高危人群适当干预。

烟酸缺乏病

烟酸缺乏病是由烟酸摄入不足或吸收代谢障碍引起的营养缺乏病。由于皮肤病变是烟酸缺乏病明显的早期症状，故烟酸缺乏病又称糙皮病或癞皮病。

◆ **病因**

①摄入不足：主要发生在以玉米为主食者的地区。一是因为玉米中所含的烟酸大部分是结合型，未经分解释放，不能为机体吸收利用；二是因为玉米蛋白中缺乏色氨酸，其量不能满足机体合成烟酸的需要。膳食中缺乏蛋白质及其他副食品时，也易发生烟酸摄入不足。②吸收障碍：慢性肠炎、肠结核、慢性肠梗阻或其他肠道功能紊乱，可使烟酸吸收不良。③代谢障碍：服用大量异烟肼对吡哆醇（具有维生素 B_6 作用的物质之一，亦称为抗皮炎素或维生素 B_6）有干扰作用，吡哆醇是色氨酸转化为烟酸代谢过程中的重要辅酶，受干扰时色氨酸转化为烟酸发生障碍。此外，长期发热如结核病等，可使烟酸消耗增多，久服广谱抗生素可抑制肠道合成烟酸，使烟酸缺乏。

◆ **临床表现**

起病缓慢，常有前驱症状，如体重减轻、疲劳乏力、记忆力差、失眠等。如不及时治疗，则可出现皮炎、腹泻和痴呆，即"3D"症状。①皮肤症状：

典型症状是在肢体暴露部位，如手背、腕、前臂、面部、颈部、足背、踝部出现对称性皮炎。其次发生在肢体受摩擦的部位，如肘部、膝盖部等处。皮炎可由红斑开始，有烧灼和瘙痒感，随之可有水泡形成、皮肤破裂、出现渗出性创面。病情好转后，遗留棕色色素沉着。②消化系统症状：主要表现为腹泻。早期多患便秘，其后由于消化腺体的萎缩及肠炎的发生常有腹泻。腹泻症状并非每例都有。此外，可伴有口角炎、舌炎等。③神经系统症状：初期少见，至皮肤和消化系统症状明显时出现。轻症患者可有全身乏力。烦躁、抑郁、健忘及失眠等。重症则有谵妄、狂躁、幻视、幻听、神志不清、木僵，甚至痴呆。慢性病例常有周围神经炎症状，如四肢异常等表现。

◆ 诊断

根据膳食史、临床表现和实验室检查进行诊断。必要时可进行治疗试验。实验检查项目包括胃酸分析、烟酸负荷实验等。患者胃酸常低下，约半数患者在组胺刺激后胃酸仍缺乏。负荷试验方法是空腹口服烟酰胺50毫克后，测定 4 小时尿中 N^1- 甲基烟酰胺排出量，烟酸缺乏患者 < 2.0 毫克 /4 小时。烟酸缺乏病如症状典型，诊断比较容易，但不典型的皮疹需与多形红斑、肢痛症、晒斑、中毒性皮炎、红斑狼疮、脓疮疹、湿疹及紫癜等相鉴别。胃肠症状须与肠炎、肠结核等区别。舌炎应与维生素 B_2 缺乏引起的舌炎区分。

◆ 治疗

口服烟酸或烟酰胺片剂。如不能口服或吸收不良时，可改为肌内注射或静注。同时加服复合维生素 B。治疗时要避日光照射，舌炎应注意口腔卫生，腹泻时服止泻剂，有精神神经症状者给予安定剂，并要注意预防继发感染。

◆ 预防

合理调配膳食，增加豆类、大米及小麦粉的摄入量，降低玉米在膳食中的比例。以玉米为主食的地区，可加碱处理，使其中结合型烟酸释放形成游离型。在烟酸缺乏病流行地区，也可口服烟酸进行预防。

维生素 B_6 缺乏病

维生素 B_6 缺乏病是指由维生素 B_6 摄入不足或吸收不良等原因引起的营养缺乏病。本病多见于婴儿。

◆ 病因

一般不易发生维生素 B_6 缺乏。食物烹调不当或食物品种过于单调，可致维生素 B_6 缺乏。肠道吸收不良或者长期服用异烟肼、雌激素避孕药等或孕期、哺乳期妇女等，也可造成维生素 B_6 缺乏。

◆ 临床表现

主要临床表现是皮肤损害，眼及鼻两侧出现脂溢性皮炎，随病情扩展至面部、前额、耳后、阴囊、会阴部等部位。婴儿缺乏维生素 B_6 时，显示兴奋增多及频繁的全身性抽搐，可导致智力迟钝，同时出现胃肠道症状。成人缺乏维生素 B_6 时，可出现抑郁和精神错乱；如果维生素 B_6

缺乏持续，还可产生眩晕、恶心、呕吐和肾结石症状。

◆ 诊断

根据病史、临床表现、实验检查进行诊断，必要时可进行治疗试验。婴儿期如遇不明原因的惊厥、贫血或慢性腹泻，若已排除低钙血症、低血糖、低血钠及感染性疾病，应考虑维生素 B_6 缺乏病。实验检验可进行色氨酸负荷试验、血浆吡哆醇和 24 小时尿中维生素 B_6 含量测定等。色氨酸负荷试验的方法是给患者口服色氨酸，剂量为 0.1 克 / 千克（体重），收集 24 小时尿测定黄尿酸含量，计算黄尿酸指数，维生素 B_6 缺乏时，黄尿酸指数 > 12。正常情况下，血浆吡哆醇含量在 14.6 ~ 72.9 纳摩 / 升，维生素 B_6 缺乏时，含量 < 14.6 纳摩 / 升；24 小时尿中维生素 B_6 的正常排量 > 0.5 微摩，维生素 B_6 缺乏时，排出量 < 0.5 微摩。治疗实验时，可给患者肌内注射维生素 $B_6$100 毫克，抽搐可停止，症状可缓解。

◆ 治疗

出现抽搐时，可肌内注射维生素 B_6，以后改用食物治疗。应用维生素 B_6 对抗剂（如异烟肼等）治疗的患者，可口服维生素 B_6。

◆ 预防

改进烹调方法，减少对维生素 B_6 的破坏。孕期及哺乳期妇女等对维生素 B_6 需要增加者，应注意选用含维生素 B_6 丰富的食物。食用高蛋白食物时，应增加维生素 B_6 的摄入量。

维生素 B₁₂ 缺乏病

维生素 B_{12} 缺乏并是指因维生素 B_{12} 摄入不足或吸收利用障碍等引起的，以巨幼红细胞性贫血和亚急性脊髓联合变性为特征的营养缺乏病。

◆ **病因**

①膳食缺乏：多见于膳食组成单调、缺少动物性食物、素食者及喂养不当的婴儿。②吸收障碍：摄入的维生素 B_{12} 必须与胃内壁细胞分泌的内因子结合成稳定的复合物，才不会被肠道细菌利用而在回肠远端吸收，因此凡是影响内因子产生的因素，均可引起维生素 B_{12} 吸收障碍，如内因子分泌的先天性缺陷、萎缩性胃炎、胃大部切除术后等。小肠原发性吸收不良、回肠切除等也可影响维生素 B_{12} 吸收。③需要增加：多见于早产儿。某些疾病，如感染、疟疾及慢性溶血时，需要量也增多。此外，肝功能严重损害时，血液中维生素 B_{12} 结合蛋白缺乏或异常，也可造成维生素 B_{12} 转运和利用障碍。

◆ **临床表现**

①巨幼红细胞贫血。②亚急性脊髓联合变性：以脊髓后索和侧索的联合损害为特征，多见于 40～60 岁成年男女，最早出现的症状为全身乏力和对称性肢体远端的麻木、刺痛、烧灼和发冷等感觉异常，以下肢为甚，感觉异常可向上伸展到躯干，在胸部和腹部产生束带状感觉。脊髓侧索变性时，出现两下肢无力或瘫痪。后索变性时，下肢震动觉和位

置觉等深感觉减退，可产生不同程度的下肢共济失调、肢体动作笨拙、步态不稳、容易跌倒等。周围神经变性时，产生"手套"或"袜子"样分布的浅感觉减退或消失。视神经病变时，可出现视力减退或失明；少数患者出现猜疑、妄想、躁狂，后期有嗜睡、谵妄、痴呆，或严重情绪低落以及忧郁等精神症状。③出现高同型半胱氨酸血症。

◆ **诊断**

依据血细胞形态学特点结合膳食史、临床表现、实验检查等进行诊断。必要时可进行治疗性试验。实验检查除了血象和骨髓象检查外，可测定血清维生素 B_{12} 浓度、血清全转钴胺素 II、血清全结合咕啉、血清同型半胱氨酸及甲基丙二酸等。维生素 B_{12} 缺乏时，血清维生素 B_{12} 浓度小于 < 250 皮摩 / 升（正常值为 150 ～ 250 皮摩 / 升）。血清全转钴胺素 II 水平 ≤ 29.6 皮摩 / 升（40 皮克 / 毫升）可定为维生素 B_{12} 负平衡。血清全结合咕啉 ≤ 110 皮摩 / 升（150 皮克 / 毫升）时，表示肝脏维生素 B_{12} 储存缺乏。血清同型半胱氨酸及甲基丙二酸在维生素 B_{12} 缺乏时其含量增高。

治疗性试验可确诊维生素 B_{12} 缺乏病。肌内注射维生素 B_{12}，每日 1 微克，连续 10 天，若患者临床症状改善，网织红细胞升高，巨幼红细胞形态迅速好转以及血红蛋白计数增多者，表明由维生素 B_{12} 缺乏所致。

◆ **治疗**

有贫血时，可肌内注射维生素 B_{12}，至网织红细胞恢复为止。血象恢复期间，宜加用铁剂弥补铁的不足。有脊髓亚急性联合变性时，需要肌内注射大剂量维生素 B_{12}。不能耐受肌注者，可口服用药。重症患者，在维生素 B_{12} 治疗后，可因大量血钾进入新生成的细胞内使血清钾突然下降造成猝死，因此应预防性口服钾盐。同时，可补充维生素 C、维生素 B_1、维生素 B_6、叶酸等，以助疗效。

◆ **预防**

针对病因采取相应措施，如改善膳食结构，增加动物性食品。积极治疗影响维生素 B_{12} 吸收的疾病。全胃切除者，应每月预防性肌内注射维生素 B_{12}。

维生素 B_{12} 缺乏性贫血

维生素 B_{12} 缺乏性贫血是指由于各种原因造成机体内维生素 B_{12} 缺乏所导致的巨幼红细胞性血红蛋白含量低于正常值的血液疾病。

◆ **病因**

常见病因

维生素 B_{12} 缺乏最多见的原因是内因子缺乏，摄入的维生素 B_{12} 必须与胃内的内因子结合形成复合物，才能被小肠黏膜吸收利用；患某些疾病，如胃切除、慢性萎缩性胃炎、慢性消化性溃疡、慢性肠炎、腹泻等均可引起维生素 B_{12} 缺乏所致的巨幼红细胞性贫血。

药物影响

长期服用某些药物可使血清维生素 B_{12} 含量降低，如二甲双胍、复方左旋多巴胺抗癫痫药物、避孕药等；大剂量维生素 C（500 毫克）可

能对维生素 B_{12} 的利用有不利影响，摄入量大于 1 克可能会发生维生素 B_{12} 缺乏症。

摄入量不足

婴幼儿喂养不当、长期素食者、妊娠期妇女维生素 B_{12} 需要量增加，如摄入量不足，则可导致维生素 B_{12} 缺乏症。

◆ 临床表现

维生素 B_{12} 缺乏临床表现有巨幼红细胞性贫血、神经症状、消化道症状等。早期临床表现为口腔黏膜异常、萎缩性舌炎、面色蜡黄、水肿等。消化道症状为慢性腹泻、恶心、呕吐、腹胀及食欲减退等。维生素 B_{12} 缺乏可引起多种神经系统损害，包括亚急性脊髓联合变性、记忆力下降、周围神经病变、深感觉异常、认知功能损害、小脑性共济失调、四肢震颤、下肢瘫痪、神经精神症状、视神经损害等。维生素 B_{12} 缺乏症可影响儿童神经系统的发育，婴幼儿表现为嗜睡、惊厥、肌张力异常等。其次，维生素 B_{12} 缺乏可致同型半胱氨酸在血液中堆积，是心血管疾病的危险因素，且对脑细胞有毒性作用。

◆ 诊断

根据临床表现及实验室资料［如血清维生素 B_{12} 水平测定，血清维生素 B_{12} 的正常范围为 150 ～ 666 皮摩（pmol）/ 升（200 ～ 900 皮克 / 毫升）］，一般不难做出诊断。

◆ 治疗

治疗措施包括：①治疗原发病，去除病因。②补充维生素 B_{12}。维生素 B_{12} 缺乏者，肌内注射维生素 B_{12}100 微克 /1 次·天（或 200 微克，隔天 1 次），直至血红蛋白恢复正常。恶性贫血或胃全部切除者需终生采用维持治疗，每月注射 100 微克 /1 次。维生素 B_{12} 缺乏伴有神经症状者对治疗的反应不一，有时需大剂量 500～1000 微克 1 次长时间（半年以上）的治疗。对于单纯维生素 B_{12} 缺乏的患者，不宜单用叶酸治疗，否则会加重维生素 B_{12} 的缺乏，特别是要警惕会有神经系统症状的发生或加重。

◆ **预防**

婴幼儿及时添加辅食；均衡饮食；防止偏食；消除影响维生素 B_{12} 吸收的因素。

巨幼红细胞贫血

巨幼红细胞贫血是指脱氧核糖核酸（DNA）合成的生物化学障碍及 DNA 复制速度减缓所致的血液疾病。又称营养性巨幼红细胞性贫血。

本病绝大多数是由于叶酸或维生素 B_{12} 或者两者均缺乏所致。

◆ **病因**

巨幼细胞贫血的发病原因主要是由于叶酸或（及）维生素 B_{12} 缺乏。

◆ **发病机制**

其发病机制：①巨幼细胞性贫血内在缺陷为尿嘧啶核苷酸（UMP）不能转换为胸腺嘧啶核苷酸（TMP）导致 DNA 合成减少。②幼红细胞髓内破坏，即红细胞无效生成是巨幼细胞性贫血的主要特征，也可出现粒细胞及血小板无效生成。③可有髓外溶血，红细胞的寿命缩短 30%～50%。

◆ **临床表现**

贫血症状

最常见为中度至重度贫血引起头晕、乏力、气短、心悸等症状，部分患者伴轻度黄疸。部分患者可引起全血细胞减少，表现为发热、出血等症状。

消化道症状

常见症状是恶心、呕吐、食欲不振、舌光滑、舌乳突萎缩（即牛肉舌）、腹泻、不全肠梗阻等。

神经系统症状

维生素 B_{12} 缺乏时可出现神经系统症状，主要表现为感觉异常、手脚对称性麻木、共济失调、抑郁倾向、括约肌功能紊乱、位置感减弱及精神神经症状等。

◆ **诊断**

血象呈全血细胞减少，细胞体积增大。巨幼红细胞性贫血外周血以大卵圆形红细胞为主，中性粒细胞核分叶过多（6叶～10叶），偶见巨大血小板。通常网织红细胞正常或轻度增高。骨髓象可见红系细胞和粒系细胞显著增生和巨幼变为特征，胞质较胞核发育成熟。生化检查需进一步检测血清叶酸和维生素 B_{12} 水平以确定叶酸缺乏或维生素 B_{12} 缺乏所致巨幼红细胞性贫血。

◆ **治疗**

治疗措施包括：①治疗基础疾病，去除病因。②营养知识教育，纠正偏食及不良的烹调习惯。③补充叶酸或维生素 B_{12}。④重度巨幼红细胞性贫血患者在补充造血原料的同时，需补钾治疗。

◆ 预防

预防要求措施有：①加强营养知识教育，纠正偏食及不良的烹调习惯。②不酗酒。③血液透析，胃肠手术患者加强营养，补充叶酸、维生素 B_{12}。④服用影响叶酸、维生素 B_{12} 吸收利用的药物时应及时补充叶酸、维生素 B_{12}。⑤婴儿应提倡母乳喂养，合理喂养，及时添加辅食。⑥孕妇应多食新鲜蔬菜和动物蛋白质，妊娠后期可补充叶酸。

恶性贫血

恶性贫血是胃黏膜萎缩、胃液中缺乏内因子，使维生素 B_{12} 吸收出现障碍而发生的巨幼细胞性血红蛋白低于正常值的血液疾病。

◆ 病因与发病机制

恶性贫血的病因是内因子缺乏，导致维生素 B_{12} 吸收障碍，内因子是胃壁细胞分泌的一种糖蛋白，可以促进维生素 B_{12} 的吸收。该病发病多与种族和遗传相关。北欧斯堪的纳维亚人常见，亚洲少见，因此国内少有报道。约半数患者可检测出内因子抗体，多提示该病的发病机制可能与自身免疫相关。

◆ 临床表现

因均有维生素 B_{12} 缺乏，该病临床表现与巨幼细胞性贫血类似，贫血表现多有乏力、头晕、气促，部分严重患者因原位溶血可表现为黄疸。胃肠道症状可表现为食欲减退、腹胀等，多有典型的舌炎表现，查体可见舌乳头萎缩、表面光滑，呈"牛肉舌"样表现。因体内维生素 B_{12} 缺乏，部分患者会有神经症状，主要包括四肢麻木、感觉障碍、倦怠、精神异常等。

◆ **诊断**

诊断依据包括：①根据病史及临床表现，血常规提示全血细胞减少且呈大细胞性贫血、骨髓细胞出现典型巨幼样变明确巨幼细胞性贫血。②测定血清维生素 B_{12} 水平，明确维生素 B_{12} 缺乏。③测定内因子抗体及进行维生素 B_{12} 吸收试验，找寻内因子缺乏证据，明确维生素 B_{12} 缺乏原因。

◆ **治疗**

恶性贫血患者需终身服用维生素 B_{12} 的维持治疗。因内因子缺乏，口服补充维生素 B_{12} 效果欠佳，故每日或隔日行维生素 B_{12} 注射液肌注治疗效果较好。

抗贫血药

抗贫血要是能补充特殊造血成分或刺激骨髓造血功能而用于治疗贫血症的药物。

贫血是指循环血液中红细胞数量或血红蛋白含量低于正常。按照病因及发病机制的不同，贫血可分为缺铁性贫血、巨幼红细胞性贫血和再生障碍性贫血。

缺铁性贫血由铁缺乏引起，正常人体是不容易缺铁的，因为食物中含铁丰富，而且人体不断衰老破裂的红细胞所释放出的铁又可被机体反复利用,但是在慢性缺铁(如肠钩虫、痔疮,慢性消耗性疾病如结核病等)、胃肠道对铁的吸收能力不良（胃酸缺乏）、机体对铁的需要量增加（如妊娠期妇女）和红细胞量破坏（如疟疾）等情况下，往往引起铁的缺乏而致贫血。通过补充铁剂可有效治疗缺铁性贫血，常用的药物有硫酸亚铁、枸橼酸铁铵、富马酸铁及右旋糖酐铁等。巨幼红细胞性贫血由叶酸或维生素 B_{12} 缺乏所引起，食物中每天有 50～200 微克叶酸在十二指肠和空肠上段吸收，正常人每天需要叶酸约 50 微克，一般不易缺乏。但是由于某种原因致使体内叶酸贮量减少、摄入量减少或需要明显增加时（妊娠期、婴幼儿），常常造成叶酸缺乏，引发巨幼红细胞性贫血。维生素 B_{12} 能帮助叶酸在体内循环利用，而间接地促进脱氧核糖核酸的合成，故维生素 B_{12} 缺乏时亦可引起与叶酸缺乏相类似的巨幼红细胞性贫血（又称恶性贫血）。对巨幼红细胞性贫血，口服一定量的叶酸即能生效，但对肝硬化或使用了叶酸拮抗剂（如氨甲蝶呤、乙胺嘧啶、甲氧苄啶等）所致的巨幼红细胞性贫血，用叶酸治疗无效。因为此时体内的二氢叶酸还原酶缺乏或受到抑制，不能使二氢叶酸转变为四氢叶酸发挥效应，故必须使用甲酰四氢叶酸钙治疗才有效果。对因维生素 B_{12} 缺乏引起的恶性贫血，可肌内注射维生素 B_{12} 治疗。单用叶酸仅能改善血象，对神经系统损害无作用，故应两药合用发挥协同作用。

再生障碍性贫血是由骨髓造血功能减退或衰竭引起的，血液中不仅红细胞减少，白细胞和血小板也减少。对此类贫血，常采用的治疗药物有苯丙酸诺龙、碳酸锂、氧化钴等，以刺激造血功能，对部分患者有效。

临床使用的抗贫血药包括铁剂、叶酸、维生素 B_{12} 和红细胞生成素等。

◆ 铁剂

铁是人体必需的元素，是构成血红蛋白、肌红蛋白、组织酶系，如过氧化酶、细胞色素 C 等所必需。人体每日至少需要 15 毫克铁，所需的铁有两个来源：①外源性铁。从食物中获得，每天摄取 10 ～ 15 毫克即可。食物中的铁以二价铁（Fe^{2+}）形式吸收，而三价铁（Fe^{3+}）则很难吸收，只有经胃酸、维生素 C 或食物中还原物质（如果糖、半胱氨酸等）作用下，转为还原型 Fe^{2+}，才能在十二指肠和空肠上段吸收。吸收入肠黏膜细胞中的 Fe^{2+}，部分转为 Fe^{3+}，与去铁铁蛋白结合为铁蛋白后进行贮存；另一部分则进入血浆，立刻被氧化为 Fe^{3+}，并与转铁蛋白结合形成血浆铁，转运至肝、脾、骨髓等组织中与去铁铁蛋白结合为铁蛋白而贮存。铁主要通过肠道、皮肤等含铁细胞脱落而排出体外。少量经尿、胆汁、汗、乳汁排泄。②内源性铁。由红细胞破坏后释放出来，每天约 25 毫克，是机体重要的铁来源。当机体铁的摄入量不足，或胃肠道吸收障碍，或慢性失血造成机体铁缺乏时，可影响血红蛋白的合成而引起贫血，应及时补充铁剂。

常用的铁剂包括：口服铁剂如硫酸亚铁、枸橼酸铁铵、富马酸亚铁，注射铁剂如山梨醇铁和右旋糖酐铁。

药理作用

铁是红细胞成熟阶段合成血红素的必需物质。吸收到骨髓的铁，进入幼红细胞聚集在线粒体中，与原卟啉结合后所形成的血红素再与珠蛋白结合，即形成血红蛋白，进而发育为成熟红细胞。缺铁时，血红素生成减少，但由于原红细胞增殖能力和成熟过程不受影响，因而红细胞数量不少，只是每个红细胞中血红蛋白减少，致红细胞体积较正常小，故称低色素小细胞性贫血。

临床应用

铁剂用于治疗缺铁性贫血，如慢性失血性贫血（月经过多、慢性消化道出血和子宫肌瘤等）、营养不良、妊娠、儿童生长发育期引起的缺铁性贫血，疗效甚佳。铁剂治疗 4～5 天血液中网织红细胞数即可上升，7～12 天达高峰，4～10 周血红蛋白恢复正常。为使体内铁贮存恢复正常，待血红蛋白正常后需减半继续服药 2～3 个月。

不良反应

口服铁剂最常见的不良反应是胃肠道刺激症状，如恶心、呕吐、上腹痛、腹泻等，Fe^{3+} 比 Fe^{2+} 多见，饭后服用可减少胃肠道反应。此外，铁与肠腔中硫化氢结合，减少后者对肠壁的刺激作用，可引起便秘、黑便。注射用铁剂可有局部刺激症状，产生皮肤潮红、头昏、荨麻疹、发热和关节痛等过敏反应，严重者可发生心悸、胸闷和血压下降。小儿误服 1 克以上铁剂可引起急性中毒，表现为头痛、头晕、恶心、呕吐、腹泻、惊厥，甚至死亡。急救措施为用 1%～2% 碳酸氢钠洗胃，并以特殊解毒剂去铁胺灌胃，以结合残存的铁。

◆ 叶酸

叶酸是由蝶啶、对氨苯甲酸、谷氨酸三部分组成的 B 族维生素。又称蝶酰谷氨酸。叶酸在动植物食品中广泛分布，如肝、肾、酵母及绿叶蔬菜等。动物细胞自身不能合成叶酸，因此，人体所需叶酸只能直接从食物中摄取。口服叶酸经肠黏膜主动吸收后，少部分经还原及甲基化转化为甲基四氢叶酸，大部分以原形经血液循环进入肝脏等组织，与细胞膜受体结合后进入细胞内，其中有 80% 以 N^5- 甲基四氢叶酸形式贮存于肝内。叶酸的血浆半衰期约为 40 分钟，叶酸及其代谢产物主要经肾排泄，少部分由胆汁经粪便排泄，部分经重吸收形成肝肠循环。

药理作用

叶酸进入体内后，在叶酸还原酶及二氢叶酸还原酶的作用下，转化为四氢叶酸，作为一碳单位移位酶的辅酶，参与机体多种物质的合成，如嘌呤、胸嘧啶核苷酸等。一旦叶酸缺乏，脱氧核糖核酸（DNA）合成受阻，骨髓幼红细胞内 DNA 合成减少，细胞分裂速度减慢。

临床应用

叶酸临床用于各种巨幼红细胞性贫血，尤其适用于营养不良或妊娠期、婴儿期叶酸需要量增加所致的巨幼红细胞性贫血。由于二氢叶酸还原酶抑制剂如甲氨蝶呤、乙胺嘧啶、甲氧苄啶等所致的巨幼红细胞性贫血，因四氢叶酸生成障碍，必须用甲酰四氢叶酸钙治疗。对缺乏维生素 B_{12} 所致的恶性贫血，大剂量叶酸仅能纠正血象，但不能改善神经损害症状。故治疗时以维生素 B_{12} 为主，叶酸为辅。单用叶酸或与维生素 B_{12} 联合使用治疗高同型半胱氨酸血症。

不良反应

叶酸的不良反应较少，罕见过敏反应，长期服用可出现厌食、恶心、腹胀等。静脉注射较易出现不良反应，故不宜采用。

◆ 维生素 B_{12}

维生素 B_{12} 是一类含钴的水溶性 B 族维生素。由于钴原子所带基团不同,维生素 B_{12} 以多种形式存在,如氰钴胺素、羟钴胺素、甲钴胺素和 5' 脱氧腺苷胺素,后两者是 B_{12} 的活化型,也是血液中存在的主要形式。药用的维生素 B_{12} 为性质稳定的氰钴胺素和羟钴胺素。口服维生素 B_{12} 必须与胃黏膜壁细胞分泌的糖蛋白即"内因子"结合,形成复合物后方不被肠液消化,进入空肠吸收,在通过小肠黏膜时,维生素 B_{12} 与蛋白解离,再与转钴胺素 II 结合存于血液中,转运至肝脏后,90% 的 B_{12} 与转钴胺素 I 结合,贮存于肝内,其余则主要经胆汁从肠道排出,可形成肠肝循环。注射时则大部分经肾排出。恶性贫血患者的胃黏膜萎缩,内因子缺乏,导致维生素 B_{12} 吸收障碍,所以口服无效。

◆ 药理作用

维生素 B_{12} 是细胞分裂和维持神经组织髓鞘完整所必需的。体内维生素 B_{12} 主要参与下列两种代谢过程:①同型半胱氨酸甲基化生成蛋氨酸反应。催化这一反应的蛋氨酸合成酶(或称甲基转移酶)的辅基为维生素 B_{12},它参与甲基的转移。B_{12} 缺乏时,N^5- 甲基四氢叶酸上的甲基不能转移,导致蛋氨酸生成受阻,一方面影响四氢叶酸的再循环,使得叶酸代谢循环受阻,导致叶酸缺乏症。另一方面导致同型半胱氨酸堆积,产生高同型半胱氨酸血症。② 5'- 脱氧腺苷钴胺素是甲基丙二酰辅酶 A 变位酶的辅酶,能催化甲基丙二酰辅酶 A 转变为琥珀酰辅酶 A,后者可进入三羧酸循环。当 B_{12} 缺乏时,甲基丙二酰辅酶 A 大量堆积,后者结构与脂肪酸合成的中间产物丙二酰辅酶 A 相似,结果合成了异常脂肪酸，并进入中枢神经系统，引起神经损害症状。

◆ **临床应用**

维生素 B_{12} 主要用于恶性贫血和巨幼红细胞性贫血。也可作为神经系统疾病（如神经炎、神经萎缩等）及肝脏疾病等辅助治疗，或与叶酸联合使用治疗高同型半胱氨酸血症。

◆ **不良反应**

维生素 B_{12} 可致过敏反应，甚至过敏性休克，不宜滥用。不可静脉给药。

维生素 C 缺乏病

维生素 C 缺乏病是指长期缺乏维生素 C 引起的以出血为主要特征的营养缺乏病。又称坏血病。

缺乏维生素 C，除了引起坏血病外，还与炎症、动脉硬化、肿瘤等多种疾病有关。

◆ **病因**

引起维生素 C 缺乏病的主要原因有：①摄入不足。膳食组成中缺乏新鲜蔬菜和水果，或在食物烹调加工过程中处理不当导致维生素 C 破坏。乳母膳食长期缺乏维生素 C，以牛乳或单纯谷类食物长期人工喂养婴儿，而未添加富含维生素 C 的辅食。②吸收障碍。多见于慢性消化功能紊乱，长期腹泻等患者。③需要量增加。见于儿童生长期，妊娠及哺乳期、高温环境作业，急性或慢性疾病如腹泻、痢疾、肺炎、结核等。

药物对维生素 C 的需要量有一定的影响，如含雌激素的避孕药、肾上腺皮质激素、四环素、降钙素、阿司匹林等可影响机体维生素 C 的代谢，从而导致维生素 C 缺乏。

◆ **临床表现**

前驱症状

起病缓慢，一般历经 4 ～ 7 个月。患者多有体重减轻、四肢无力、衰弱、肌肉关节等疼痛。成年患者除上述症状外，早期有牙龈松肿，间或有感染发炎。婴儿常有激动、软弱、倦怠、食欲减退、四肢动痛、肋软骨接头处扩大等症状。四肢长骨端肿胀以及有出血倾向等。毛囊周围充血，以成年人较多。

出血

全身任何部位均可出现大小不等和程度不同的出血斑点。起初局限于毛囊周围及牙龈等处，进一步发展可有皮下组织、肌肉、关节、腱鞘等处，可见血肿或瘀斑。小儿皮肤瘀点和瘀斑多见于骨骼病变的附近，膝部和踝部最多见。内脏、黏膜也有出血，如鼻衄、血尿、便血及月经过多等。严重时偶有心包、胸腔、腹腔、腹膜后及颅内出血。小儿常见下肢肿胀、疼痛，患肢常保持一定位置，即两腿外展、小腿内弯，呈假性瘫痪状，此因骨膜下出血所致。

牙龈炎

牙龈可见出血、红肿。婴儿患者，常见牙龈上发生小血袋。成年患者常伴有慢性牙龈损害，可见牙龈萎缩、牙龈浮露，最后可使牙齿松动、脱落。

骨质疏松

儿童长骨端呈杆状畸形，关节活动疼痛，患儿常使膝关节保持屈曲位。肋骨及肋软骨交界处明显突出呈串珠状，其角度比佝偻病串珠稍尖，在凸起的内侧可扪及凹陷。

◆ 诊断

主要依据膳食史、典型症状和体征以及实验室检查进行诊断，必需时进行治疗试验。实验室检查项目如下。①血中维生素 C 含量测定：可测定血浆和白细胞中维生素 C 含量。维生素 C 缺乏时，血浆维生素 C 含量＜ 2 毫克 / 升。白细胞中维生素 C 含量＜ 2 微克 /10^8 白细胞。②尿维生素 C 含量测定：可测定全日尿维生素 C 含量和进行 4 小时负荷试验。全日尿收集不便，故多主张进行 4 小时负荷试验。方法为口服 500 毫克维生素 C，测定 4 小时尿中总维生素 C 含量，维生素 C 缺乏时，＜ 5 毫克。③毛细血管脆性试验：常用正压法，即按一般量血压方法，使汞柱升高至 6.7 千帕（50 毫米汞柱）时或收缩压与舒张压的中值，维持此压力约 15 分钟，然后在上臂前侧面画一个 60 毫米直径的圆圈，记录圈内出血点数。圈内出血点＜ 5 个为正常，＞ 8 个则认为是血管脆性增加。④ X 线检查：可见长骨骨骺端先期钙化带变密与增厚，普遍出现骨质稀疏。骨骺中的骨化中心与腕踝部中的小骨周围呈细环，中间呈毛玻璃状，骨小梁结构消失，如同显微镜下所见的红细胞形状。此外，长骨骨骺区骨膜下的出血可使松弛的骨皮质与骨膜分离。

◆ 鉴别诊断

本病引起的牙龈出血与炎症须与牙石刺激、尿毒症、糖尿病等全身疾患引起的牙龈炎与出血相鉴别；本病引起的"肋串珠"征，需与佝偻病串珠鉴别；坏血病引起的瘀点，需与血小板减少性紫癜等引起的瘀点鉴别。幼儿下肢肿胀及假性瘫痪应与骨髓炎、关节炎、脊髓灰质炎、先天性梅毒、骨软骨炎等区别。

◆ 治疗

轻症患者，每日每人口服200～300毫克维生素C，重症300～500毫克，感染时剂量应增加。不能口服或吸收不良者，可静脉注射。此外，需对症处理，如保持口腔清洁，预防或治疗继发感染、止痛。有严重贫血者，可给予输血，服用铁剂。

◆ 预防

①合理调配膳食：选择含维生素C丰富的食物，主要是新鲜蔬菜与水果。很多野菜、野果中含有丰富的维生素C，如苜蓿、马齿苋、马兰头、枸杞子、刺梨、酸枣、金樱子等，在新鲜蔬菜与水果供应困难的条件下可以选用。②改善烹调方法：维生素C极易溶于水，对碱和热不稳定，遇亚铁离了（Fe^{2+}）、铜离子（Cu^{2+}）易破坏，因此蔬菜烹调加工时应注意先洗后切，切好即炒，要急火快炒，开汤下菜等。③维生素制剂：上述方法利用有困难时，还可利用维生素C制剂进行预防。

战时维生素 C 缺乏病

战时维生素 C 缺乏病是在军事环境下，军人因维生素 C 缺乏所致的以皮肤、黏膜、软组织出血为主要表现的病症。病因主要是由于膳食中长期缺乏维生素 C，舰艇官兵、远程航海者、寒冷地区居民以及战争期间受围困城市的军民因得不到新鲜水果蔬菜供应常大批发生本病。抗美援朝战争期间，本病的发生率在中国人民志愿军某些单位曾达 6.8‰。

临床表现：病情进展缓渐，早期症状多非特异性，可有倦怠、乏力、嗜睡、精神抑郁、食欲减退、体重减轻等。以后出现以出血为主的各种表现：前臂和下肢皮肤毛囊周围出现小出血点或瘀斑，以后其他部分皮肤尤其受压迫激惹或碰撞部位也可有出血。口、鼻和内脏黏膜因出血而引起鼻衄、牙龈出血、血尿、便血等现象。骨膜下出血可引起骨痛和关节痛，甚至移动肢体也有困难。此外，常有浮肿、贫血、营养不良、抵抗力低下等现象。创伤及烧伤伤员，创面愈合缓慢，往往伴有继发感染和出血。在严重缺乏者，已愈合的创口可能崩裂。如维生素 C 缺乏持续加剧，可能引起少尿、神经症状、甚至因颅内出血致死。

防治措施：①预防措施。保证官兵每日能摄入最低需要量的维生素 C。部队尽可能每日能吃到新鲜蔬菜，改进食物贮存和烹调方法，防止维生素 C 的丢失及破坏，在某些特殊环境下（如远海、海岛、寒区、高原）驻守的官兵，可每日加服维生素 C，以防止本病的发生。②治疗措施。轻症患者，每日补充维生素 C 200 ～ 300 毫克，重症患者每日给予 300 ～ 500 毫克，不能口服或肠道吸收功能障碍的患者，可通过肌肉注射或静脉注射补充。此外，对合并感染者给相应的抗感染治疗，有严重贫血的患者给予铁剂，必要时少量输血。

抗坏血病药

抗坏血病药是指防治坏血病的药物。坏血病又称维生素缺乏病，是非常古老的疾病。古代典籍中对坏血病就有较为明确的描述。中世纪十字军东征记录中也有相关描述。1492 年哥伦布发现美洲开启大航海时代后，船上水手在远渡重洋时常浑身无力、牙龈出血、肌肉疼痛，甚至衰弱得无法继续工作，直至最后死去。这种病被叫作"坏血病"。坏血病也常侵袭那些逐日食用粗劣食物的监狱和医院。在军队中、被围困的城市中以及一切饮食单调不变的地方都会发现它的踪影。

坏血病的主要原因在于豚鼠、灵长类动物和人体内缺少合成维生素 C 所必须需的古络糖酸内脂氧化酶，不能合成维生素 C，必须依赖食物供给，如果膳食中摄取维生素 C 量不足，可造成维生素 C 缺乏，使胶原蛋白不能正常合成，导致细胞联结障碍，使毛细血管的脆性增加，从而引起皮、黏膜下出血，医学上称为坏血病。此病早期症状为疲倦、贫血、体重减轻、伤口愈合迟缓，对感染抵抗力弱。逐渐发展至牙龈肿胀极易出血，牙齿松动，关节痛，易骨折，皮下出血等。病变几乎都发生在骨、牙、软骨组织、结缔组织等来自间质的支架组织。其主要特征是不能形成细胞间质以维持其正常功能，故发生出血、牙齿松动、骨折等典型症状。因此，维生素 C 又名抗坏血酸，是常见抗坏血病药。

坏血病与饮食之间的联系早已被人们所认识。早在 1537 年，法国探险家雅各·加蒂耶在加拿大登陆时，他的船员由于坏血病都已经奄奄一息，但喝了印第安人送来的用常青针叶植物浸泡过的水后都恢复了健康。18 世纪时，英国殖民地遍布全球，但长途海上贸易时船上水手经常受到坏血病的困扰。苏格兰医生 J. 林德对此问题颇感兴趣，经对船上水手长期观察，得出结论认为，饮食中增加柑橘属（橘子、柠檬、酸橙等）水果可以防止坏血病，并于 1753 发表《论坏血病》一文。但维生素 C 的发现却在 20 世纪 20 年代。1928 年，剑桥大学的匈牙利生化学家阿尔伯特·纳扎波尔蒂·圣捷尔吉首先从匈牙利辣椒中分离出己糖醛酸，后命名为抗坏血酸，即维生素 C。

相关药物史研究可见 1975 年威尔逊的《坏血病的临床定义与维生素 C 的发现》，1986 年 K.J. 卡本特的《坏血病与维生素 C 的历史》，1988 年，理查德的《治疗学革命的政治：维生素 C 与癌症争论》，1995 年卡佩芝的《坏血病的征服与海员的健康》等。

维生素 D 缺乏病

维生素 D 缺乏病是指缺乏维生素 D 导致机体钙、磷代谢障碍引起的全身性骨病。发生于生长发育中的婴幼儿和儿童，称为佝偻病；发生于成人时称骨软化症（软骨病）。

◆ **病因**

①接触日光紫外线照射不足，导致内源性维生素 D 合成减少。②膳

食中摄入不足：多见于以植物性食物为主的人群及婴幼儿。③吸收代谢障碍：胃肠道疾病、肝肾疾病等。④药物影响：长期服用抗惊厥、抗癫痫药物，如苯妥英钠、苯巴比妥，可刺激肝细胞微粒体的氧化酶系统活性增加，使维生素 D 分解加速，导致体内维生素 D 不足。

◆ **临床表现**

单纯缺乏维生素 D 影响最显著的是骨骼和神经肌肉系统，主要表现为佝偻病和骨软化症。其主要特征包括：骨骼疼痛和压痛、骨骼畸形、肌肉乏力以及有时有低血钙引起的手足抽搐等。佝偻病常见于 6～24 个月龄婴幼儿，在骨骼生长最快的部位体征最明显，所以佝偻病体征随年龄不同而异。骨软化症发生于年龄大一些的孩子和成人，他们的骨骼生长已停止，骨已成型，故维生素 D 缺乏不会对其造成影响。骨软化症在成人症状可以不明确，骨痛常发生于脊柱、肩、肋骨和骨盆。

◆ **诊断与鉴别诊断**

根据维生素 D 缺乏的危险因素、临床表现，结合血液生化指标及骨骼 X 线检查作出诊断。

◆ **治疗**

维生素 D 制剂选择、剂量大小、疗程长短、给药次数、给药途径等均应根据患者具体情况而定，强调个体化治疗。治疗原则以口服为主。为防止同时摄入大量维生素 A，宜用单纯维生素 D 制剂。凡有吸收不良或婴幼儿不能坚持口服者可考虑采用肌内注射维生素 D 作为突击疗法。成人在骨软化症活动期也可以肌内注射维生素 D_3，以后继续用预防量。6 个月龄以下婴儿若有过手足搐搦症病史者，肌内注射前宜先服用钙剂 2 ～ 3 日。

◆ **预防**

①多做户外活动，充分得到日光照射。②适当补充维生素 D。婴儿出生后 2 周应开始补充维生素 D，至 2 岁；北方地区日照时间短，维生素 D 预防量口服的时间可推迟至 3 岁。③注意饮食。适当摄入富含维生素 D 的食物和强化维生素 D 的食品。

维生素 D 中毒症

维生素 D 中毒症是指过量使用维生素 D 制剂导致的症状。临床表现主要由高血钙引起。患者通常出现高钙血症、正常或高血清磷水平、正常或低水平的碱性磷酸酶（ALP）、高水平的血清维生素 D、尿钙阳性、低血清甲状旁腺激素和高尿钙 / 尿肌酐比值。长期的高钙尿常导致钙沉积于髓襻的上皮基底膜和管状细胞，并引起皮质白质交界处钙化，超声检测可见肾髓质钙质沉着症。骨 X 线早期改变不明显，后期出现骨质疏松与骨干骺端致密改变。

预防应注意以下几点。①对怀疑维生素 D 依赖性佝偻病患者应该检查血清维生素 D 的水平，并在开始维生素 D 治疗前询问先前的维生素 D 使用情况。②在大剂量维生素 D 突击治疗过程中应注意间断性查尿钙。凡遇有使用大剂量维生素 D 病史患儿，临床出现厌食、体重不增、便秘、多饮多尿及精神不振时，应考虑维生素 D 中毒的可能，并进一步查血钙及骨 X 线，确诊后应立即治疗。③在防治佝偻病中应谨慎给药，剂量应安全、偏低、有效，给药途径以口服为妥。④父母应在医生指导下为婴儿补充维生素 D，勿盲目使用。

确诊维生素 D 中毒症后应停止摄入维生素 D，低钙磷饮食。维生素 D 为脂溶性维生素，储存于脂肪组织，去除外源性维生素 D 后其毒性影响（高钙血症 / 高钙尿）仍可能持续数月。治疗方式有以下几种。①补充大量生理盐水。每天静脉给予循环血量的 1.5 ～ 2.5 倍的生理盐水，可使肾小球滤过增加，同时钠可阻止钙在肾小管中的重吸收，促进钙从机体中排出（对心脏和肾脏疾病患者应谨慎）。②袢利尿剂。补充大量生理盐水后加入袢利尿剂，如呋塞米和依他尼酸，可抑制尿钙再吸收，并通过增加尿钙排泄使血钙水平降低。速尿使用剂量可为 1 ～ 2 毫克 /（千克·天），间隔 4 ～ 6 小时使用。治疗期间应监测电解质和心电图。补充大量生理盐水和利尿剂主要用于轻度病例。③糖皮质激素。严重高钙血症患者应同时使用糖皮质激素、降钙素或二膦酸盐治疗。糖皮质激素可抑制骨化三醇的活性，减少维生素 D 的产生和肠道钙的吸收，并可抑制肾小管重吸收，促进肾钙排泄。④降钙素。抑制破骨细胞的活性，并通过增加尿钙排泄减少骨吸收。剂量为 2 ～ 4 单位 /（千克·剂量）。药物有效期为 2 ～ 4 小时，易出现耐受反应，推荐间歇给药。⑤二膦酸盐。顽固病例补充大量生理盐水和利尿剂治疗后，应静脉注射或口服二膦酸盐。二膦酸盐通过结合到细胞膜导致破骨细胞凋亡，并抑制破骨细胞诱导的骨吸收。氨羟二磷酸二钠静脉输入剂量为 0.5 ～ 1 毫克 /（千克·剂量），因二膦酸盐的半衰期短，根据血清钙水平可间断重复给药。⑥血液透析。高钙血症危象和急、慢性肾功能衰竭患者的首选治疗方式，可用于药物治疗无效的严重高钙血症患者，迅速降低血清钙水平。

维生素 D 储存于脂肪组织，在脂肪组织的半衰期约两个月，在循环系统中的半衰期为 15 天。维生素 D 中毒发生后，高钙血症可能持续 6 个月以上。因此，应对维生素 D 中毒患者进行随访，直到血清维生素 D 和钙水平恢复正常。

软骨病

软骨病是指临床以骨骼钙化障碍为主要特征的疾病。又称骨软化症。软骨病为新生骨基质钙化障碍，多由维生素 D 缺乏导致钙、磷代谢紊乱，骨矿化不足引起。患者临床表现多样，包括骼关节和肌肉疼痛、痛觉过敏、肌肉无力和步态蹒跚等。

软骨病病因常有以下几种。①日光照射不足。维生素 D 可由皮肤经紫外线照射产生，日照不足时需通过膳食或口服维生素 D 补充。②维生素 D 摄入不足。动物性食品是天然维生素 D 的主要来源，素食者可能出现维生素 D 摄入不足。③食物中钙含量过低或钙磷比例不当。食物中钙含量不足或钙、磷比例不当均可影响钙、磷的吸收。④钙需要量增多。孕妇等人群钙需要量增多。⑤疾病和药物的影响。部分疾病和药物可能影响维生素 D 和钙的吸收。

维生素 K 缺乏病

维生素 K 缺乏病是指缺乏维生素 K 引起的以出血为特征的全身性疾病。本病主要发生在新生儿及小龄婴儿。

◆ **病因**

正常成年人很少发生维生素 K 缺乏。3 个月龄内的婴儿，由于维生素 K 在胎盘的转运很少，新生儿出生时维生素 K 的储存量低，母乳中维生素 K 含量也较低，加上自身肠道菌群尚未建立，肠源性维生素 K 来源有限，因此易发生维生素 K 缺乏。成年人常见的维生素 K 缺乏主要是由疾病或药物治疗导致的继发性缺乏，如胃肠道功能紊乱、肝胆疾病等；长期使用抗生素治疗可导致肠道菌群紊乱，合成维生素 K 障碍；使用抗凝药如苄丙酮香豆素、双香豆素也可导致体内维生素 K 代谢障碍等。

◆ **临床表现**

可有轻重不一的出血症状，常见表浅的皮肤紫癜和瘀斑、鼻出血、牙龈渗血、黑粪、月经过多、痔疮出血和创面术后渗血等。大量出血或颅内出血可危及生命。典型新生儿维生素 K 缺乏病，多于生后 2～5 天起病，以胃肠道出血为主，可伴皮肤出血、脐带出血等。迟发性出血多见于出生后 2 周～3 个月龄母乳喂养婴儿，起病急，出血症状重，常有颅内出血。

◆ **诊断**

根据临床表现结合病因和实验室检查进行诊断。婴儿维生素 K 缺乏的诊断标准，主要指标包括：突发性出血；实验室检查血小板、出血时间正常，而凝血酶原时间延长或部分凝血活酶时间延长，或维生素 K 缺乏诱导蛋白阳性，或血清维生素 K 浓度低下或测不到；给予维生素 K 后出血停止，临床症状得到改善。次要指标包括：3 个月龄内婴儿；

母乳喂养；母亲妊娠期有抗惊厥、抗凝血、抗结核及化疗用药史；肝胆病史；长期服用抗生素史；反复腹泻。凡具备 3 项主要指标或 2 项主要指标及 3 项次要指标的，均可诊断为维生素 K 缺乏出血病。

◆ 治疗

一般患者可口服或注射维生素 K_1。新生儿自然出血患儿，静脉缓慢注射维生素 K_1 1 毫克，早产儿每周注射维生素 K_1 0.5 毫克，1 ～ 2 次，至出血停止。合并颅内出血患儿，除静脉注射维生素 K_1 外，还应给予新鲜血浆或凝血酶原复合物。

◆ 预防

孕期和哺乳期应摄入富含维生素 K 的食物，使胎儿及婴儿从母体获得较多的维生素 K。孕母临产前肌内注射维生素 K_1 10 毫克。鼓励自然分娩和母乳喂养。为预防新生儿维生素 K 缺乏，可在新生儿出生后口服或肌内注射维生素 K_1。

维生素 K 依赖性凝血因子缺乏症

维生素 K 依赖性凝血因子缺乏症是指由维生素 K 缺乏引起的一种获得性凝血障碍。

维生素 K 摄入减少、吸收不良及肝脏合成障碍，以及双香豆素类拮抗维生素 K 的抗凝剂，引起维生素 K 依赖性凝血因子和调节蛋白，包括凝血酶原（因子Ⅱ）和因子Ⅶ、Ⅸ、Ⅹ，以及蛋白 C（PC）和蛋白 S（PS）的缺乏，导致凝血障碍而出血。

◆ **病因**

维生素 K 的食物来源丰富，肠道正常菌丛亦可提供，人体的需要量很少，因此维生素 K 缺乏较少见。新生儿，特别是早产儿，体内储存维生素 K 水平低，肠道正常菌丛尚未建立，容易发生缺乏症；成年人长期腹泻或出现阻塞性黄疸时，胆汁酸盐不足，维生素 K 的吸收降低；肝病患者或其他原因引起肝功能损害时，对维生素 K 的利用降低，均可发生缺乏症而出血。服用双香豆素之类的抗凝血药物（维生素 K 的拮抗剂），也能造成维生素 K 缺乏，凝血时间延长。

◆ **发病机制**

维生素 K 是肝细胞微粒体羧化酶的辅酶，传递羧基使依赖维生素 K 凝血因子和蛋白前体分子氨基端的谷氨酸残基羧基化，形成 γ-羧基谷氨酸，才能和 Ca^{2+} 结合从而发挥凝血作用。在维生素 K 缺乏情况下，肝内合成的依赖维生素 K 蛋白即可成为脱羧基化的凝血因子和蛋白 C 及蛋白 S，是一些缺乏凝血生物活性和抗凝作用的异常蛋白，但它们仍存在抗原性。

◆ **临床表现**

临床上可有出血倾向，表现为皮肤黏膜瘀点瘀斑，常有鼻衄及牙龈出血。创口、溃疡面和手术部位渗血。此外，也可以出现自发性出血，如皮下出血，或在受压处如背部、臀部、大腿以及撞击或穿刺部位，发生青紫或血肿，有时有血痰、黑便等。患肛痔者常流血不止。大量失血或颅内出血可危及生命。

◆ 诊断

凝血酶原时间测定可确诊。应注意鉴别凝血酶原、因子Ⅶ、因子Ⅸ、因子Ⅹ的缺乏，凝血酶原时间纠正试验可与其他凝血因子缺乏鉴别。

◆ 治疗

补充维生素 K，避免或减少服用抗凝剂。

本书编著者名单

编著者 （按姓氏笔画排列）

王立峰	王江飞	王晓黎	王恩普
王德槟	方金豹	尹光琳	吉 红
巩振辉	朱加进	刘 勇	刘元法
刘光明	刘学波	李彦昌	杨为海
何娅妮	张 辉	张连生	张春义
陆超忠	林 洪	孟祥河	胡 豫
钟彩虹	姜 凌	姜泽东	徐 秀
郭俊生	黄 文	黄咏贞	曹敏杰
葛可佑	董 萍	蒋卫杰	韩 骅
楚长彪	雷建军	廖二元	